태양광,

현재와 미래를 만나다

태양광,

현재와 미래를 만나다

박경빈, 강민철, 박성진 지음

(학)신구학원 신구문화사

머 리 말

에너지가 무엇인지? 대체(신재생)에너지가 무엇인지? 기후변화가 무엇인지? 그들은 서로 어떤 상관관계를 가지고 있고 어떻게 영향을 주고 받는지를 생각하고 이해하려고 고민한 시간이 많았다.

군제대 후 취득한 에너지관리기사 자격 덕분에 1983년도에 지금의 한국에너지공단(KEA)에 입사해서 그 당시는 일반인에게는 익숙하지 않은 에너지 분야에 첫발을 디뎠다.

그 후부터 수많은 새로운 전문용어들을 공부하며 산업현장을 찾아가서 설비들을 보고, 미국, 일본, 독일 등의 정책과 투자사례들도 보고 배우며 아직도 부족하지만 일천한 경험지식을 쌓아 왔다.

그간의 삶에 감사하며 봉사하고 싶은 마음으로 시작한 인생이모작을 어떻게 마무리하는 게 좋을까를 생각하다 시작한 이 책은 이론보다는 비즈니스 차원에서 남들에게 조금이라도 도움이 되길 바라는 마음으로 용기를 내어 정리했다.

태양광 부분을 언급하게 된 계기는, 한국에너지공단을 정년퇴직하고 난 후 (주)KCC에서 에너지사업단장으로 인생이모작을 시작할 기회를 주시고 최근에 작고하신 故 정상영 회장님의 애정어린 지도와 도움에 감사하는 마음의 표현이다.

정상영 회장님과 함께 토론하며, 국내에서 처음으로 건설한 최대 규모의 도심형 건물태양광발전설비를 포함해 산업체 공장의 지붕에 수십 개의 태양광발전설비를 개발하고 기획하여 설계, 시공, 운영하며 보낸 시간들을 영원히 기억하며 "국가에 기여하는 기업이 되자"고 말씀하시던 그분을 가슴에 품고 살고 싶다.

이 과정에서 함께하고 특허 부문을 집필한 KIPA의 강민철 박사님, 건물태양광 부분과 제로에너지건축 부분을 집필한 박성진 님께도 함께 동행해 주셔서 고마운 마음을 전한다.

마지막으로 옆에서 묵묵히 지켜보며 격려해 준 아내와 두 아들에게도 사랑하는 마음을 보낸다.

2021년 여름

대표 저자 박경빈

차 례

제 1 장

기후변화,
그 모든 것의 시작

1. 지구 시스템과 기후변화
2. 기후변화 대응의 역사

1. 지구 시스템과 기후변화

지구의 지상 평균기온은 태양으로부터 받은 복사에너지에 의해 약 15℃로 조절되고 있다.

지구의 기후 시스템

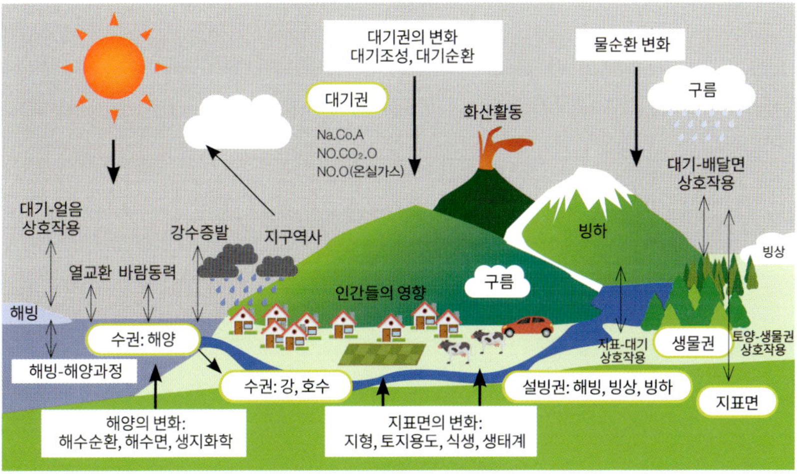

*출처: NASA's Goddard Institute for Space Studies, 한전경제연구원

그러나 유엔산하의 세계기상기구(WMO)와 유엔환경계획(UNEP)이 전 지구적인 환경문제에 대처하기 위해 각국의 전문가로 구성한 기후변화에 관한

정부 간 협의체(IPCC) 제5차 보고서에 의하면 지난 112년간(1901~2012년) 지구의 평균기온이 0.89℃(0.69~1.08℃) 상승한 것으로 발표되었다.

IPCC는 전 세계의 많은 과학자가 참가하여 기후변화 추이 및 원인 규명과 평가 그리고 그에 대한 대응 전략을 분석한 평가보고서를 발간하고 있으며 발간되는 보고서는 유엔기후변화협약(UNFCCC) 등에 정부 간 협상의 중요한 근거자료로 활용되고 있다.

IPCC가 발표한 전 지구적인 장기간의 관측 자료를 보면, 북극빙하는 지속적으로 감소하고 남극빙하의 경우도 최근에 감소하는 경향이 나타난다.

이처럼 지구온난화로 인한 빙하의 감소(해빙)로 인해 20세기 평균 해수면 상승률은 연간 1.7(1.5~1.9)mm이고, 특히 1993년 이후 해수면 상승률은 연간 3.2(2.8~3.6)mm로 해수면 상승이 가속화되고 있다.

현재 추세로 저감없이 온실가스를 배출한다면, 금세기 말(2081~2100년)의 지구 평균기온은 3.7℃, 해수면은 63cm가 상승하는 것으로 전망되었다.

지난 1천년 간의 기후변화 추세

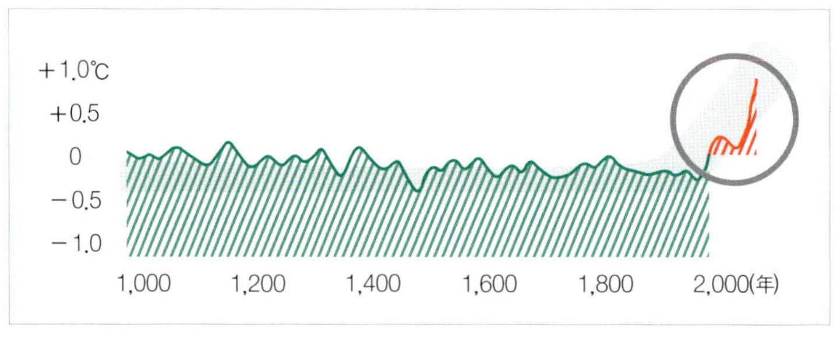

이처럼 지구의 평균기온이 상승하는 기후변화(Climate Change)의 원인은

공장, 가정 등에서 인간의 활동에 의해 대기 중으로 배출되는 이산화탄소, 축산폐기물 등에서 발생하는 메탄 등의 온실가스(Greenhouse Gas)들이 대기 중에 잔류하면서 지구 복사열의 흡수가 과다하게 일어나는 온실효과(Green-house effect)로 인해 지구의 에너지 균형이 깨지면서 지구의 온도가 높아지는 현상(지구온난화: Global Warming)에 기인하는 것으로 알려졌다.

그 외에도 화산 분화에 의한 성층권의 에어로졸 증가, 태양과 지구의 상대적인 위치 변화와 산림의 파괴로 인한 물과 탄소의 순환 장애 등으로 인해 장기간에 걸쳐 지속적으로 진행되는 자연적 요인으로 초래되는 지구 전체의 평균기후의 변화도 기후변화의 원인 중 하나이다.

아래의 그림에서 보이는 것처럼 1970년대 이후부터는 화석연료 사용에 의한 이산화탄소(CO_2) 배출량과 평균기온이 강한 상관관계를 보이며 증가 추세를 보이고 있다.

미국의 중앙대기국(NOAA)은 지구평균 이산화탄소(CO_2) 농도는 산업혁명 이후 280ppm에서 400ppm으로 상승하였다고 발표하였다.

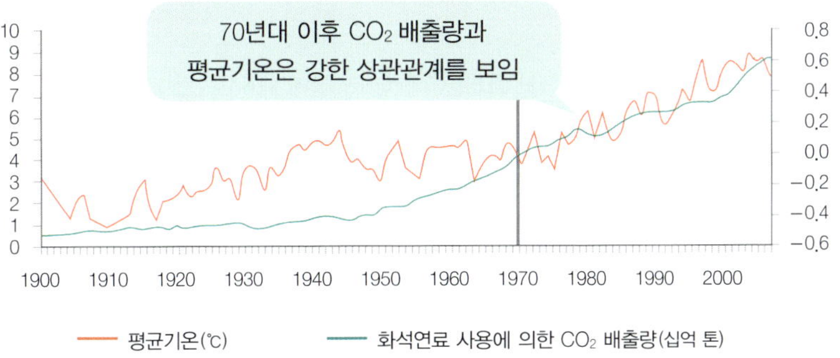

앞으로 현재와 같은 추세를 이어가 450ppm이 되면 세계 평균기온이 산업혁명 이전에 비해 2℃ 이상 올라갈 것으로 예상하고 있다.

기후변화 알고가기

일반적으로 기후변화라 함은 인간의 활동에 의한 온실효과 등의 인위적인 요인과 화산 폭발과 성층권 에어로졸의 증가 등의 자연적 요인에 의한 효과를 포함하는 전체 자연의 평균기후의 변동을 말한다.

기후변화와 관련된 전 지구적 위험을 평가하고 국제적인 대책을 마련하기 위해 설립된 IPCC(Intergovernmental Panel on Climate Change)는 "장기간에 걸친 기간 동안 지속되면서, 기후의 평균 상태나 그 변동 속에서 통계적으로 의미 있는 인간 행위로 인한 것과 자연적인 변동 모두를 포괄해서 시간의 경과에 따른 기후의 변화"라고 정의하고 있다.

반면에 이산화탄소를 비롯한 각종 온실기체의 방출을 제한하고 지구온난화를 막기 위한 국제협약인 유엔기후변화협약(UNFCCC: United Nations Framework Convention on Climate Change)은 기후변화를 "대기 조성을 변경시키는 인간 활동으로 인한 기후변화"만으로 정의하고 자연적인 원인으로 일어나는 기후변동성은 구분한다.

이와 같이 기후변화로 인한 영향과 적응(adaption)에 대한 논의는 2001년에 발간된 IPCC 3차 보고서 이후 본격화되었으며, 기후변화 적응이란 "기후 상태(climate condition)가 변화하는 것에 적응하기 위해 생태계나 사회 시스템이 취하는 모든 행동"을 의미하며 기후변화 적응에 관한 대표적인 정의는 다음 표와 같다.

구 분	정 의
IPCC	실제로 일어나고 있거나, 일어날 것으로 예상되는 기후 자극과 기후 자극의 효과에 대응한 자연, 인간 시스템의 조절작용. 기후변화의 결과로 발생하는 새로운 기회를 활용하여 기회로 삼는 행동 또는 과정을 포괄함
UNDP	기후변화 현상에 수반된 결과를 완화, 대처하고 이용하는 전략을 강화, 개발, 실행하는 과정
UNFCCC	지역사회와 생태계가 변화하는 기후조건에 대응할 수 있도록 하는 모든 행동
UKCIP	기후변화에 관련된 손해와 그 손해에 따른 위험을 감소시키고 이익을 파악하는 과정, 혹은 그 과정에서 나온 미래 기후조건에 영향을 미치는 결과물

*출처: 기후변화 적응 정보 포털

기후변화는 화석연료에 의존한 인간의 활동으로 인해 발생되었으므로 화석연료에 의존하는 산업과 경제 그리고 삶의 방식을 에너지를 적게 소비하는 사회로 전환해 나가는 것이 중요하다.

최근에는 온실가스 배출 증가 등 인위적 요인에 따른 지구온난화를 가리키는 경우를 기후변화라고 하는 게 일반적인 경향이다.

IPCC는 기후변화에 대응하기 위한 방법을 온실가스 감축(reduce emis-sions)과 기후변화에 대한 적응(adapt to climate change)으로 구분하는데 이는 미래의 기후변화 정도를 감소시키는 것을 말한다.

기후변화 완화(mitigation)는 "온실가스 배출량을 줄이거나 온실가스 흡수원(carbon sink)을 늘림으로써 온실가스 배출량을 줄이는 활동"으로 정의했다. 신재생에너지 사용과 에너지 효율 개선, 에너지 절약, 나무 심기, 분리수거와 재활용 등을 예로 들 수 있다.

기후변화 적응(adaptation)은 기후변화의 파급효과와 영향에 대해 자연적·

인위적 시스템의 조절을 통해 피해를 완화시키거나, 유익한 기회로 활용하는 활동을 말하며 기후변화로 인한 위험을 최소화하고 기회를 최대화하는 대응 방안이다. 하수도 등 기반시설 정비, 폭염 시 야외활동 자제, 방역활동 등이 여기에 속한다.

기후변화 적응(adaption)	기후변화 완화(mitigation)
폭염 시 야외활동 자제 옥상정원, 지붕 녹화 고효율 단열재 활용 범람지역 기반시설 이전 방역 하수도 정비 등	신재생에너지 사용 에너지 절약 에너지 이용 효율 향상 분리수거 및 재활용 자전거, 대중교통 이용 나무 심고 가꾸기 등

한편 기후변화의 원인인 온실 효과를 유발하는 대기 중의 가스 상태의 물질인 지구온난화(온실)가스와 주요 배출원은 다음 표와 같다.

온실가스별 주요 배출원 및 지구온난화 지수

온실가스	주요 배출원	지구온난화 지수
CO_2(이산화탄소)	에너지(연료 사용), 산업공정, 신재생에너지	1
CH_4(메탄)	폐기물, 농업, 축산, 매립장	25
N_2O(아산화질소)	산업공정, 비료 사용, 질산/카프로락탐/아디피산	298
HFC_s(수소불화탄소)	반도체 세정용, 냉매, 발포제 사용	124~14,800
PFC_s(과불화탄소)	반도체 제조용	7,500~10,300
SF_6(육불화황)	LCD, 반도체 공정, 자동차 생산 공정, 전기절연체, 세정가스 사용	22,800

*출처: IPCC, IPCC Fourth Assessment Report(AR4) Table 2.14. 2007

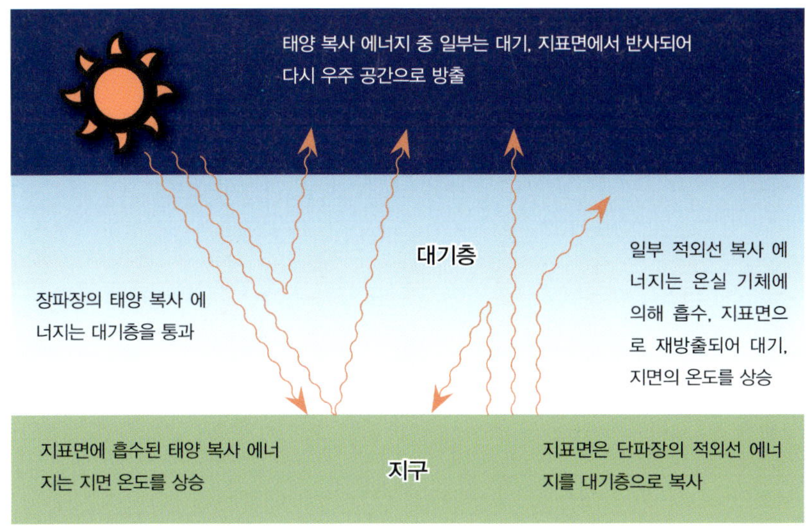

각각의 온실가스는 이산화탄소가 지구온난화에 미치는 영향을 기준으로 비교하여 수치로 표현한 지구온난화 지수(GWP: Global Warming Potentials)를 가지고 있다.

지구온난화 지수는 이산화탄소(CO_2)를 1로 볼 때, 폐기물이나 농업, 축산, 매립장에서 발생되는 메탄(CH_2)은 25, 반도체 공정 등에서 주로 사용되는 육불화황(SF_6)은 22,800으로 온실가스별로 지구온난화에 미치는 영향이 다르다.

인류의 활동에 의해 발생하는 온실 기체 가운데 가장 많은 양을 차지하는 기체는 산업화 과정에서 그 사용이 증가하고 있는 화석 에너지의 연소로 인해 발생되는 이산화탄소(CO_2)이다.

IPCC가 2007년에 발표한 4차 보고서에 의하면 이산화탄소(CO_2)는 지구온난화에 영향을 끼치는 전체 온실가스 배출량의 77%(화석연료 사용 57%, 산림 벌채·벌목 및 토탄지 감소 17%, 기타 3%)를 차지하며 메탄(CH_4)이 14%, 아산화질소(N_2O)가 8%, 기타가 1%를 차지하는 것으로 알려졌다.

이산화탄소 (CO_2)	메탄 (CH_4)	아산화질소 (N_2O)	수소불화탄소(HFCs), 과불화탄소(PFCs) 육불화황(SF_6)
77%	14%	8%	1 %

우리나라는 철강, 조선 등의 제조업과 중화학 공업의 비중이 높은 산업구조로 인해 다른 나라보다 에너지 연소로 인한 온실가스의 배출 비중이 지구 전체의 평균치인 77%보다 높은 91.9%에 이른다.

(단위: 백만 tCO_2eq, %)

부분	1990	2000	2010	2015	2016	증가율	
						'90 대비	'15 대비
총배출량 (LULUCF 제외)	292.9	501.4	657.4	692.9	694.1	136.9	0.2
CO_2 (이산화탄소)	252.3 (86.1)	441.6 (88.1)	594.7 (90.5)	634.5 (91.6)	637.6 (91.9)	152.7	0.5
CH_4 (메탄)	30.3 (10.3)	27.5 (5.5)	23.9 (4.1)	26.0 (3.8)	26.0 (3.7)	△14.2	0.02
N_2O (아산화질소)	9.2 (3.1)	18.3 (3.7)	13.6 (2.1)	14.3 (2.1)	14.8 (2.1)	62.0	3.6
HFCs (수소불화탄소)	1.0 (0.3)	8.4 (1.7)	8.1 (1.2)	7.9 (1.1)	7.4 (1.1)	649.5	△7.1
PFCs (과불화탄소)	– (0.0)	2.2 (0.4)	2.3 (0.3)	1.5 (0.2)	1.5 (0.2)	539,489	△2.1
SF_6 (육불화황)	0.2 (0.1)	3.2 (0.6)	11.9 (1.8)	8.7 (1.3)	6.8 (1.0)	3,810.5	△21.8

*( )는 구성비, PFCs는 1992년(276 $tCO_2eq.$)을 기준으로 증가율 계산

*출처: 국가 온실가스 인벤토리 보고서 2018(온실가스종합정보센터)

이처럼 석유, 석탄, 천연가스 등의 화석 에너지의 연소로 인한 이산화탄소 배출 등으로 인해 야기되는 온실가스를 줄이기 위한 노력은 현재와 미래의 세대 모두에게 매우 중요하고 시급한 과제로 대두된 상황이다.

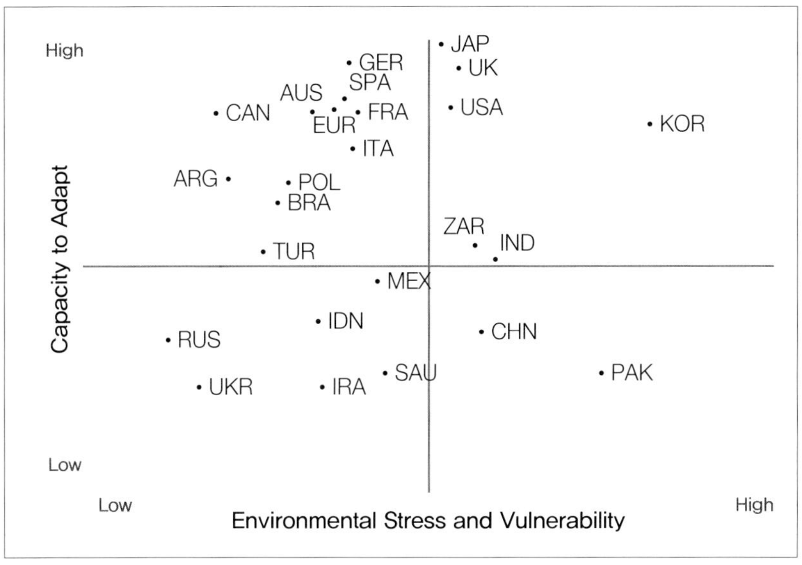

*출처: ESI, Morgan Stanley Research

한국은 기후변화에 가장 취약한 국가로 분류되나, 대응능력은 우수한 국가로 평가되었다.

2. 기후변화 대응의 역사

지구온난화로 인한 지구의 평균기온 상승에 대응하기 위한 최초의 국제회의는 1979년에 열린 "인간 활동에 의한 잠재적 기후변화를 예측·방지하기 위한" 세계기후회의였다.

그 후 지구온난화에 대한 과학적 자료가 증가하고 범지구적 차원의 노력이 필요하다는 인식이 확산됨에 따라 1985년 세계기상기구(WMO)와 국제연합환경계획(UNEP)은 이산화탄소가 온난화의 주범이라고 공식적으로 선언하였다.

이후 UN이 주관하여 1988년 IPCC(기후변화에 의한 정부 간 패널)가 조직되고, 1992년에 브라질 리우지구환경회의에서는 전 세계 154개국에 의해 지구온난화 방지를 위한 '유엔기후변화협약'이 채택되었으며, 50개의 조인국에 의해 1994년 3월부터 효력이 발생되었다. 우리나라는 1993년 12월에 47번째로 가입하였다.

기후변화협약은 인류의 활동에 의해 발생되는 위험하고 인위적인 영향이 기후 시스템에 미치지 않도록 대기 중 온실가스의 농도를 안정화시키는 것을 궁극적인 목적으로 하며 협약 당사국이 참여하는 당사국총회(COP: Conference Of Parties)를 최고의사결정기구로 두고 협약의 이행과 논의는 당사국 합의로 결정하도록 하고 있다.

기후변화협약은 매년 당사국총회를 개최하며, 1997년 12월에는 일부 선진국들만이 온실가스 감축 의무를 부담하기로 하는 국가 간 이행 협약인 '교토의정서(Kyoto Protocol)'가 당사국총회(COP3)에서 채택되어 2005년 2월 발효되었다.

그러나 이산화탄소(CO_2) 배출량 1위 국가인 중국(26%)과 미국(16%)이 감축 의무를 부담하지 않았고, 참여한 국가들의 온실가스 배출량이 전 세계 온실가스 배출량의 약 14%에 불과하여 실효성이 없다는 비판을 받아왔으며 대신 2020년 이후를 위한 새로운 기후체제에 대한 논의가 본격화되었다.

그 결과 2015년 12월 파리에서 열린 제21차 기후변화협약 당사국총회(COP21)에서 교토의정서가 종료되는 2020년 이후의 새로운 기후변화 체계인 파리협정(Paris Agreement)이 채택되었다.

파리협정은 2021년 1월부터 적용되며 197개국이 온실가스 감축에 동참하기로 하고 55개국 이상이 정부승인 등을 거치고 비준국가의 온실가스 배출량 합계가 전 세계 비중의 55% 이상을 충족해야 하는 기준을 충족함에 따라 2016년 11월 4일에 공식 발효(entry into force)되었다.

파리협정은 전 세계 197개가 넘는 국가가 참여하고 온실가스 배출량 규모도 전 세계 온실가스 배출량의 90%에 이르는 점과 각 국가별 기여 방안(INDC: Intended Nationally Determined Contribution)을 정하여 매 5년마다 상향된 감축 목표를 제출하는 한편, 5년 단위로 국제사회 공동차원의 종합적인 이행점검(Global Stocktaking)을 통해 새로운 기후체계의 지속적인 발전과 투명성을 제고한 점에서 진일보한 체계라고 평가된다.

국제사회는 지구온난화에 대응하기 위해 1992년 기후변화협약(UNFCCC)을 채택한 이후에도 지속적으로 논의를 해왔으며 2010년 제16차 당사국총회(COP16)에서 채택한 칸쿤 합의로 2℃ 목표를 공식화하였다.

그 후로도 꾸준히 지구온난화로 인한 대응 방법에 관한 논의를 이어 온 결과, 파리협정에서 "산업화 이전 대비 지구 기온의 상승폭(2100년 기준)을 섭씨 2도보다 훨씬 낮게(well below 2℃) 유지하고, 더 나아가 온도 상승을 1.5℃ 이하로 제한하기 위한 노력을 추구한다"고 장기 목표를 합의하였다.

기후변화 대응의 역사 – 한눈에 보기

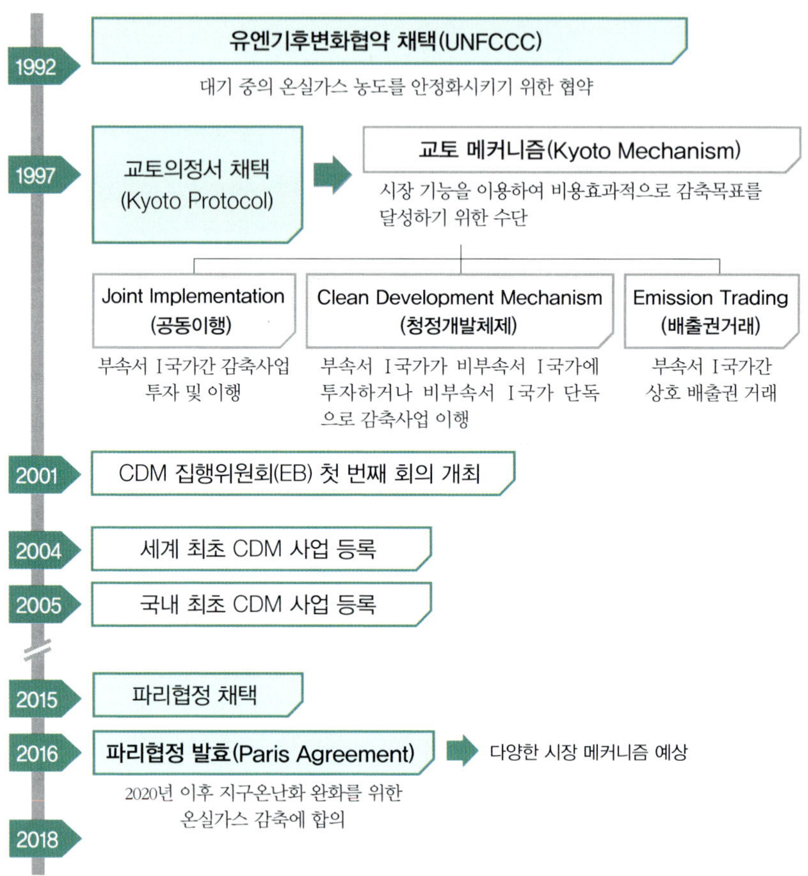

*출처: KEA 온실가스 검증원 발행 CDM 사업 지침서

지구 평균기온이 산업화 대비 2℃ 상승할 경우에는 10~20억 명이 물 부족으로 곤란을 겪고, 1,000~2,000만 명의 인류가 식량 부족으로 인한 기근의 위협 등을 받을 것으로 예측된다.

“섭씨 2℃”(지구 평균기온이 산업화 대비 2℃ 상승할 경우)의 의미	
★10억~20억 명 물 부족 ★3,000여 만 명의 홍수 위험 노출 ★생물종 중 20~30종 멸종	★폭염으로 인한 수십만 명 심장마비 사망 ★1,000~3,000만 명 기근 위협 ★그린란드빙하, 안데스산맥 만년설 소멸

*출처: IPCC Fourth Assessment Report(AR4), 2007, KEA

이런 국제적인 논의 동향에 대처해서 온실가스 배출량이 세계 10위 안에 들어가는 우리나라는 기존의 2030년 배출전망치 대비 25.7%에 추가해서 국제시장을 활용한 온실가스 감축량 11.3%를 합산한 37%를 온실가스 감축목표로 정했다.

■ 2030년 온실가스 감축목표 설정 및 이행

- **국가 목표**: 기후변화 리더십 발휘 및 신기후체제 수립의 선도적 역할을 수행하기 위한 국가 감축목표(INDC) 제출('15.6)
  *2030년 BAU 851백만 톤 대비 37% 감축(국내 25.7%, 국외 11.3%)
- **부문별 목표**: 국가 온실가스 감축목표가 '20년 30%에서 '30년 37% 감축(BAU 대비)으로 재설정됨에 따라 체계적 이행방안 수립('16.12)
  *수송(24.6%), 폐기물(23.0%), 건물(18.1%), 산업(11.7%), 공공기타(17.3%), 농축산(4.8%) 등
- **로드맵 수립**: 2030 국가 온실가스 감축목표 이행가능성을 높이기 위해 국내 감축목표 및 국외 감축목표 등의 조정(국내 32.5%, 국외+산림흡수원 4.5%)('18.7)

국내 기후변화 대응 경과

1998.2	기후변화협약 제1차 종합대책('99~ '01) 수립
2002.3	기후변화협약 제2차 종합대책('02~'04) 수립
2006.3	기후변화협약 제3차 종합대책('05~'07) 수립
2007.12	기후변화협약 제4차 종합대책('08~'12) 수립
2008.8	제1차 국가에너지 기본계획('08~'30) 수립
2009.7	저탄소 녹색성장 5개년 계획('09~'13) 수립
2009.11	국가 감축목표 설정(2020 배출전망치 대비 30% 감축)
2010.1	저탄소 녹색성장 기본법 제정
2011.3	온실가스 에너지 목표관리제 추진
2014.1	국가 온실가스 감축 로드맵 수립
2015.1	국가 배출권거래제 시행('15~'17)
2018.1	배출권거래제 2차계획 기간 시작('18~ '20)

이처럼 온실가스 감축을 위한 범지구적인 동향은 국내의 에너지 소비 주체들에게 상당한 영향을 미치게 될 것으로 예상되므로 지금 당장 온실가스 감축과 적응을 위한 실질적인 노력이 진행되어야 할 것이다.

제 2 장

글로벌 기후변화 대응

1. 세계의 기후변화 및 환경 대응 활동
2. 세계 에너지 소비 및 수요 전망
3. 우리에게 다가올 에너지 환경
4. 특허 분석으로 본 기후 대응 기술 방향
5. 특허 데이터로 본 국내 태양광 분야 트렌드 분석

1. 세계의 기후변화 및 환경 대응 활동

산업화시대 이후에 선진국은 자원의 효율적 이용과 환경오염 최소화에 국력을 집중하고 있다. 기후변화로 인한 지구온난화와 지속가능한 국제사회의 발전이 핵심적인 글로벌 의제로 부각되기 시작한 것이다.

2015년에는 파리협정 이후의 신기후체계의 본격적인 논의가 시작되었고 아울러 국제사회가 공동으로 가져가야 할 새로운 개발 목표, 즉 'Post-2015 개발의제'를 유엔 개발정상회의에서 최종적으로 채택하였다.

2015년 9월에 열린 제70차 UN총회에서는 17개 목표(Goal) 및 169개 세부목표(Target)로 이루어진 지속가능발전목표(SDGs, Sustainable Development Goals)를 채택하였으며 지속가능발전목표(SDGs)는 빈곤 퇴치 및 개도국 지원에 초점을 맞춘 종전의 새천년개발목표(MDGs)와 달리, 모든 국가에 해당하는 발전목표를 세운 점이 특징이다.

드디어 빈곤과 개도국 지원에서 나아가 환경적인 지속가능성과 경제적인 번영까지를 강조하여 지속가능한 발전 개념을 균형 있게 이행할 수 있는 방향을 제시한 국제사회의 최대 공동 목표가 설정된 것이다.

유엔 개발정상회의에서 채택한 "지속가능한 발전을 향한 17개 목표"는 다음과 같다.

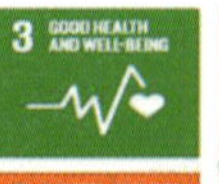

Goal 1. 모든 형태의 빈곤 종식
Goal 2. 기아 해소, 식량안보와 지속가능한 농업 증진
Goal 3. 건강 보장과 웰빙(well-being)을 증진
Goal 4. 양질의 포괄적인 교육 제공과 평생학습 기회 제공
Goal 5. 양성평등 달성과 여성·여아의 역량 강화
Goal 6. 물과 위생의 보장 및 지속가능한 관리
Goal 7. 적정하고 지속가능한 청정에너지 제공
Goal 8. 지속가능한 경제성장 및 양질의 일자리와 고용 보장
Goal 9. 건실한 인프라 구축, 포용적이고 지속가능한 산업화 증진
Goal 10. 국가 내·국가 간 불평등 해소
Goal 11. 안전하고 복원력 있는 지속가능한 도시와 인간 거주
Goal 12. 지속가능한 소비 및 생산 패턴 확립
Goal 13. 기후변화에 대한 영향 방지와 긴급 조치
Goal 14. 해양·바다·해양자원 보존 노력
Goal 15. 육지생태계 보존과 삼림 보존, 사막화 방지, 생물 다양성 유지
Goal 16. 평화적, 포괄적인 사회 증진, 모두가 접근 가능한 제도 확립
Goal 17. 이 목표들의 이행수단 강화와 글로벌 파트너십 활성화

이처럼 기후변화에 대응하고 지속가능한 국제사회의 발전을 위한 움직임이 점점 활발해지고 있다.

이와 관련해서 1996년에 노벨 화학상을 받은 리처드 에레트 스몰리(Rich-ard E. Smally) 박사는 "오늘날 인류가 직면한 가장 중요한 도전은 에너지 문제"라고 하며 에너지, 물, 식량, 환경 등이 포함된 미래 인류가 직면할 10대 과제를 발표하였다.

또한 장래에 지구의 인구가 늘어남에 따라 석유 등 한정된 자원의 제약과 에너지 사용 증가로 인한 기후변화에 대응하기 위한 대응책을 마련하는 것이 시급한 인류의 과제로 대두되었고 이를 해결하기 위한 실천 노력은 더이상 미룰 수 없는 게 사실이다.

미래 인류가 직면할 10대 과제

① 에너지(Energy)	⑥ 테러 및 전쟁(Terrorism & War)	
② 물(Water)	⑦ 질병(Disease)	
③ 식량(Food)	⑧ 교육(Education)	2011년: 70억 명
④ 환경(Environment)	⑨ 민주적사회(Democracy)	2053년: 93억 명
⑤ 빈곤(Poverty)	⑩ 인구(Population)	

"Energy is the single most important challenge facing humanity today"

－Dr. Richard E. Smalley('96. Nobel Prize in Chemistry)

*출처: http://www.americanenergyindependence.com

이처럼 인류가 당면한 과제에 대응하기 위해 석유공급 위기 등에 대응하기 위해 설립된 경제협력기구(OECD) 산하단체인 국제에너지기구(IEA: International Energy Agency)에서 2017년에 발표된 기술보고서에 의하면, 화석연료 사용으로 인한 기후변화 대응 방안 중 가장 효과적인 수단은 에너지이용 효율 향상이 40%, 재생에너지 사용 확대를 통한 이산화탄소 감축 기여도가 35%로 분석되었다.

『대통령을 위한 물리학(Physies for future Presidents)』으로 유명한 미국의

리차드 뮬러(Richard Muller)는 그의 저서에서 미래에 중요한 기술, 잠재력이 큰 기술 그리고 큰 도움이 안 되는 기술로 구분하여 주요 에너지 기술의 잠재력에 대해 아래와 같이 평가하였다.

미래에 중요한 기술	에너지생산성(효율성과 에너지 보전), 합성연료(석탄을 액체로), 하이브리드 자동차, 셰일 오일, 셰일 가스, 스마트브리드
잠재력이 큰 기술	태양전지(PVs), 바이오연료, 풍력, 연료전지, 원자력, 플라이 휠, 배터리(PVs와 풍력을 보완)
큰 도움이 안 되는 기술	수소경제, 전기자동차와 플러그 인 하이브리드, 옥수수 에탄올, 태양열, 지열, 파력, 조력, 메탄하이드레이트, 조류 바이오연료

2014년 5월에 열린 제5차 클린에너지 장관회의에서는 초고압 직류송전(HVDC), 에너지저장장치(ESS), 바이오연료, 마이크로 그리드, 탄소 포집 및 저장(CCS), 초고효율 태양광 발전, 하이브리드 신재생에너지 빅데이터 에너지관리 등을 포함한 미래 10대 청정에너지 기술을 발표하였다.

그 외에도 독일의 페터 그루스(Peter Gruce)는 그의 저서『에너지의 미래』에서 지구상에서 영구히 활용 가능한 에너지는 핵융합과 태양에너지라고 피력하며 "지구의 본질적인 에너지원은 태양이며 장기적으로는 핵에너지와 태양만이 지속가능한 에너지로 남게 될 것이며, 태양에너지만으로 인류에게 필요한 에너지 공급이 가능할 것이고 핵융합은 2차적 대안으로 생각해 볼 수 있을 것"이라고 하였다.

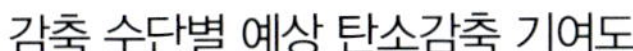
감축 수단별 예상 탄소감축 기여도

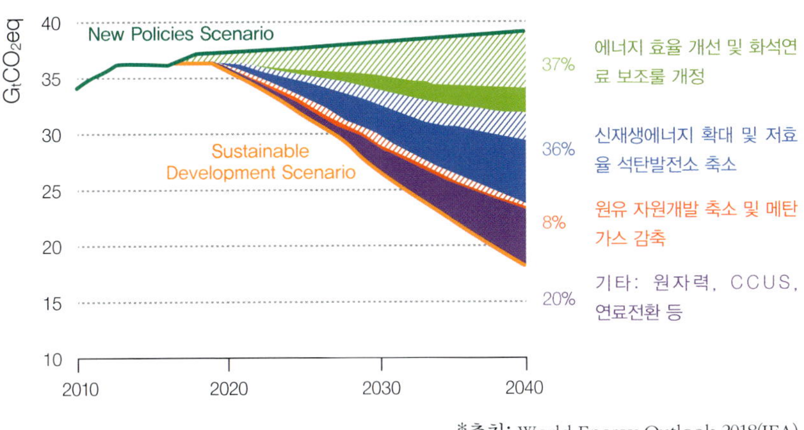

*출처: World Energy Outlook 2018(IEA)

2. 세계 에너지 소비 및 수요 전망

지금 지구촌은 자원과 에너지 그리고 환경측면의 위기에 직면하고 있다. 전통 화석연료의 고갈 시기는 현재의 에너지자원 채굴기술 수준을 감안 시 석유는 50년, 석탄은 134년, 천연가스는 53년 이후에는 고갈이 될 것으로 전망되고 있다.

전통 화석연료의 고갈 시기 전망

구 분	석 유	석 탄	천연가스
가채 매장확인량(Reserves)	16,966억 배럴	10,350억 톤	193.5조m^3

연생산량(Production)	338억 배럴	77억 톤	3.4조㎥
가채년수*(R/P ratio)	50년	134년	53년

*가채년수: 확인매장량(R: Reserve)을 그 해의 생산량(P: Production)으로 나눈 값

*출처: BP Statistical Review of World Energy 2018

IEA의 보고서에 의하면 2017년부터 2040년 동안 세계 에너지소비는 연평균 1%p씩 증가하는 것으로 전망되었다. 전체 증가분 중에 중국과 인도 등의 Non-OECD 국가가 차지하는 비중이 절반을 훨씬 넘는 것으로 알려졌다.

구분	에너지소비		수요전망			비중(%)		연평균 증가율(%)
	2000	2017p	2025	2030	2040	2017p	2040	'17p~'40
1차에너지	10,207	13,972	15,388	16,167	17,715	100	100	1.0
석탄	2,308	3,750	3,768	3,783	3,809	27	22	0.1
석유	3,665	4,435	4,754	4,830	4,894	32	28	0.4
천연가스	2,071	3,107	3,539	3,820	4,436	22	25	1.6
원자력	675	688	805	848	971	5	5	1.5
수력	225	353	415	458	531	3	3	1.8
바이오에너지	1,022	1,385	1,590	1,691	1,851	10	10	1.3
기타 신·재생	60	254	516	736	1,223	2	7	7.1
최종에너지	7,036	9,696	10,871	11,474	12,581	100	100	1.1
산업부문	1,863	2,855	3,265	3,460	3,833	30	30	1.3
수송부문	1,958	2,794	3,144	3,313	3,617	29	29	1.1
건물부문	2,450	3,047	3,276	3,439	3,759	31	30	0.9

기타	765	999	1,187	1,260	1,373	10	11	1.4

*출처: World Energy Outlook 2018(IEA)

3. 우리에게 다가올 에너지 환경

한편으로 산업화 등으로 인해 전 세계 에너지 소비량은 매년 1%씩 계속 증가되고 그로 인한 온실가스 배출량도 증가되는 것으로 전망되었다.

이 같은 에너지·환경 이슈에 대응하기 위한 탄소감축 수단별 기여도를 보면 에너지 효율 개선(37%)과 신재생에너지 보급 확대(36%)를 통해 대응하는 것이 매우 중요한 방안으로 제시되었다

감축 수단별 예상 탄소감축 기여도

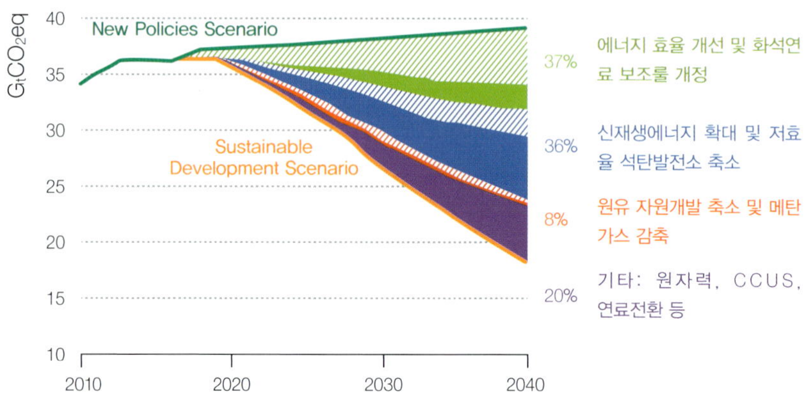

*출처: World Energy Balances 2018(IEA)

국제에너지기구(IEA)는 에너지 효율을 '첫 번째 연료(first fuel)'로 간주하고 각국에서도 가장 비용효과적인 온실가스 감축 수단으로 인식하고 있다

결론적으로는 전 세계적으로 에너지 시장의 불확실성이 심화되고 있음을 직시하고 에너지 효율·생산성은 가장 중요한 미래 에너지원 중의 하나임을 인식하여 에너지 절감 활동을 강화해야 한다.

또한 『한계비용 제로 사회』와 『글로벌 그린 뉴딜』의 저자인 에너지 미래학자 제러미 리프킨도 "신재생에너지와 효율향상 기술의 발달로 한계비용이 거의 발생하지 않고 생산된 에너지를 그리드를 통해 서로 공유하는 시대가 도래한다"고 강조했다.

특히 우리나라의 역량과 현실을 감안할 때 한 가지 에너지원에만 의존할 수 없으므로 원전 지상주의, 재생에너지 만능주의, 셰일가스 환상주의 등을 경계해야 한다.

과거의 경험에 비춰 볼 때, 이럴 때일수록 에너지 효율과 에너지 신산업에 대한 에너지 투자를 확대하여 위기대응 역량을 키우는 것이 중요하다고 본다.

[알고 가기] 우리나라의 에너지 부문 국제 위상 (2016년 기준)

국제 위상	세계 순위	비 고	
1차에너지 공급	8위	282	(백만 toe)
석유수입	5위	126	(백만톤)
석유소비	8위	123	(백만톤)
전력소비	7위	544	(TWh)
CO_2 배출	7위	589	(백만tCO_2)
1인당 CO_2 배출	18위	11.5	(tCO_2/인)
1인당 에너지 소비	15위	5.51	(toe/인)
GDP	14위	1,306	(10억$)
GDP(ppp)	14위	1,796	(10억$)
인구	27위	51	(백만명)

*출처: World Energy Balances 2018(IEA), Statistical Review of World Energy(BP, 2018), CO2 Emission from fuel Combustion 2018(IEA)

*ppp란 화폐의 교환비율이 아닌 물가 수준의 차이, 즉 자국 화폐의 실질 구매력을 기반으로 산출한 환율

4. 특허 분석으로 본 기후 대응 기술 방향

(1) 세계 재생에너지 관련 특허출원 현황(누적)

2016년도까지 누적된 신재생에너지와 관련된 특허 현황을 보면 전체 575,263건 중 태양광 발전과 관련된 특허건수가 182,917건으로 전체의 31.8%를 차지하며 특허출원수가 가장 많고 연평균 성장률(CAGR)도 29%로 매우 높다. 이는 신재생에너지 분야에서 태양광 발전 산업이 차지하는 비중이 큼을 알 수 있다.

세계 재생에너지 관련 특허출원(누적)

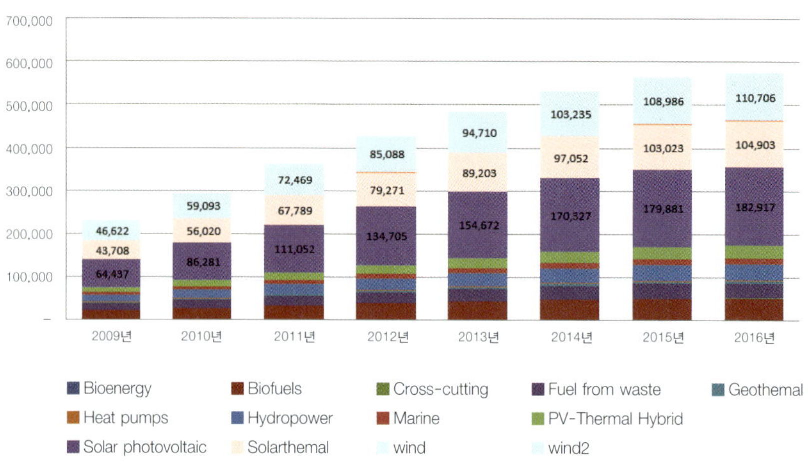

*출처: IRENA, 기간: 2009~2016

구분	2009년	2010년	2011년	2012년	2013년	2014년	2015년	2016년
Bioenergy	737	920	1,122	1,334	1,551	1,865	2,028	2,055
Biofuels	21,983	27,350	33,212	38,583	43,129	47,039	49,254	50,041
Cross-cutting	341	415	519	646	814	1,020	1,328	1,441
Fuel from waste	15,334	18,217	21,174	24,432	27,423	30,366	32,669	33,364
Geothermal	2,576	3,111	3,722	4,305	4,816	5,252	5,476	5,591
Heat pumps	1,053	1,244	1,463	1,712	1,95	2,175	2,322	2,372
Hydropower	15,734	19,130	22,978	26,831	30,086	33,278	35,602	36,331
Marine	6,194	7,727	9,103	10,505	11,865	13,173	13,994	14,264
PV-Thermal hybrid	11,383	14,294	17,165	20,109	22,901	25,853	28,458	29,404
Solar photovoltaic	64,437	86,281	111,052	134,705	154,672	170,327	179,881	182,917
Solar thermal	43,708	56,020	67,789	79,271	89,203	97,052	103,023	104,903
wind	628	898	1,071	1,200	1,398	1,685	1,842	1,874
wind2	46,622	59,093	72,469	85,088	94,710	103,235	108,986	110,706

(2) 태양광 관련 특허 등록 현황

태양광 관련 Cell의 전체적인 기술 특허 등록건수는 감소 추세에 있다. 이는 그간 증가 추세를 이어왔던 박막형 cell 관련 기술 특허건수가 기술적인 한계 등으로 인해 감소한 데 기인하는 것으로 보인다.

1950년대 중반 이후 pv-ingot을 시작으로 박막형 결정질 셀의 특허 등록 증가세가 크게 증가되었다.

1970년대 들어서는 태양광 발전 시스템의 보급이 본격화됨에 따라 PV시스템의 축전 관련 기술 특허와 지지 및 구조 기술 그리고 패널 보호를 위한 캡슐화 기술의 증가세가 뚜렷하게 나타난다.

2000년대 이후에는 박막형 결정질 구조의 셀 기술 특허건수가 서서히 감소하는 추세이다.

반면에 2013년도부터는 perovskite라는 새로운 셀 기술의 특허가 연평균 53%라는 놀라운 증가세를 보이고 있는 점을 주목할 필요가 있다.

세계 태양광 Cell 관련 특허 등록 수(WIPO)

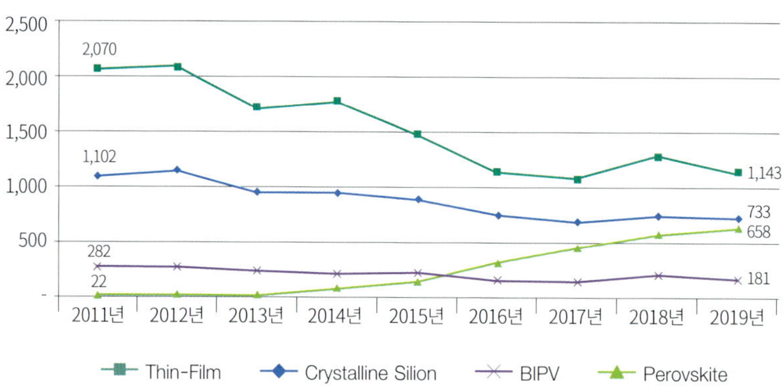

*출처: WIPO(World intellectual property organization 2011~2019)

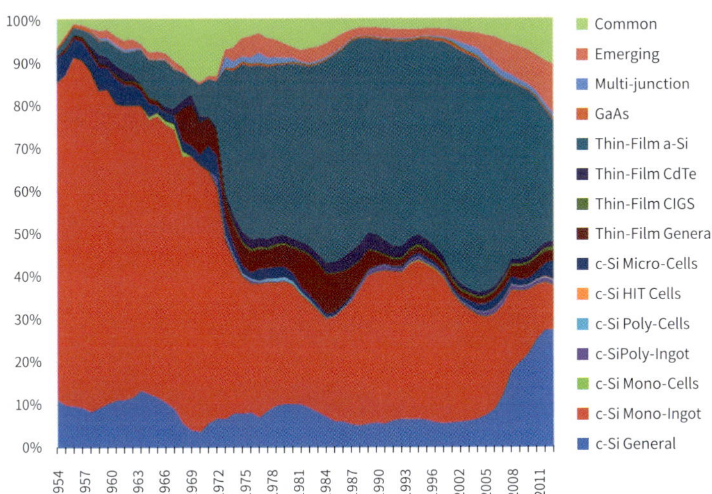
(a) PV Cell Technologies
100%
90%
80%
70%
60%
50%
40%
30%
20%
10%
0%
1954
1957
1960
1963
1966
1969
1972
1975
1978
1981
1984
1987
1990
1993
1996
2002
2005
2008
2011
Common
Emerging
Multi-junction
GaAs
Thin-Film a-Si
Thin-Film CdTe
Thin-Film CIGS
Thin-Film General
c-Si Micro-Cells
c-Si HIT Cells
c-Si Poly-Cells
c-SiPoly-Ingot
c-Si Mono-Cells
c-Si Mono-Ingot
c-Si General

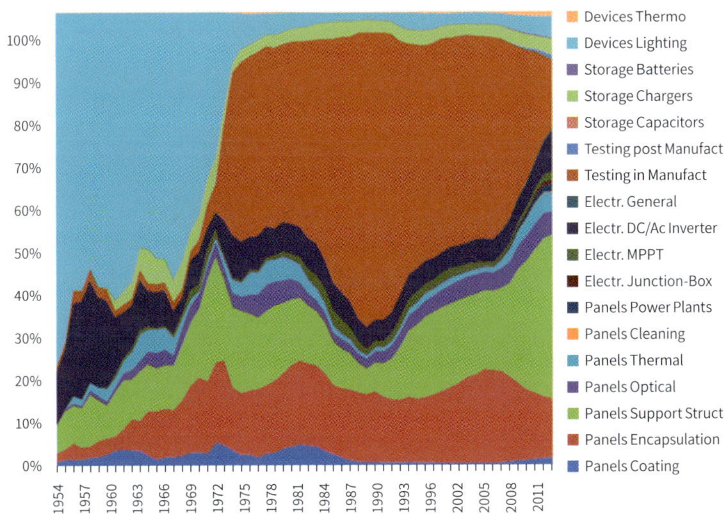
(b) PV Balance of System Technologies
100%
90%
80%
70%
60%
50%
40%
30%
20%
10%
0%
1954
1957
1960
1963
1966
1969
1972
1975
1978
1981
1984
1987
1990
1993
1996
2002
2005
2008
2011
Devices Thermo
Devices Lighting
Storage Batteries
Storage Chargers
Storage Capacitors
Testing post Manufact
Testing in Manufact
Electr. General
Electr. DC/Ac Inverter
Electr. MPPT
Electr. Junction-Box
Panels Power Plants
Panels Cleaning
Panels Thermal
Panels Optical
Panels Support Struct.
Panels Encapsulation
Panels Coating

5. 특허데이터로 본 국내 태양광 분야 트렌드 분석

(1) 분석기준

2017년부터 2020년 6월까지 태양광 분야 관련 국내 특허등록 874건 중에서 특허청의 특허분석평가시스템인 "SMART3"을 통하여 "B"등급 이상의 특허를 분류한 결과 508건의 특허리스트를 확보하여 분석하였다.

SMAR3 등급과 비율

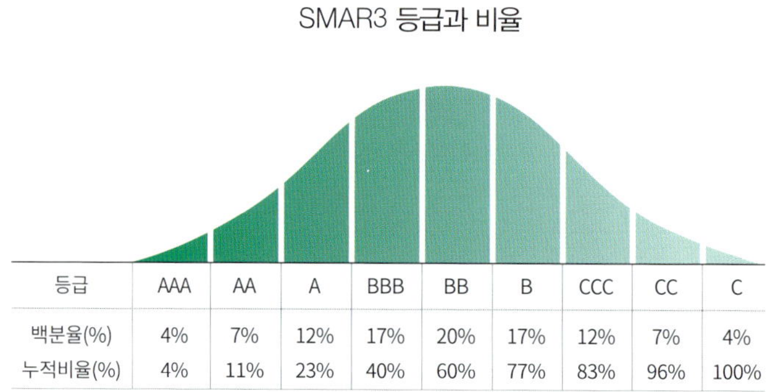

등급	AAA	AA	A	BBB	BB	B	CCC	CC	C
백분율(%)	4%	7%	12%	17%	20%	17%	12%	7%	4%
누적비율(%)	4%	11%	23%	40%	60%	77%	83%	96%	100%

(2) 특허의 청구항의 키워드 분석

특허 명세서에는 발명에 대한 자세한 내용이 모두 기재되어 있으며 요약, 청구항, 발명의 설명 중에서 태양광 분야의 508건의 특허에 대한 청구항의 키워드를 분석한 결과 '태양광 발전·시스템·장치', '태양광 모듈·패널', '회전 가능', '어레이', '수상 태양광' 등의 키워드가 유독 눈에 띄었다.

특허 문헌의 키워드

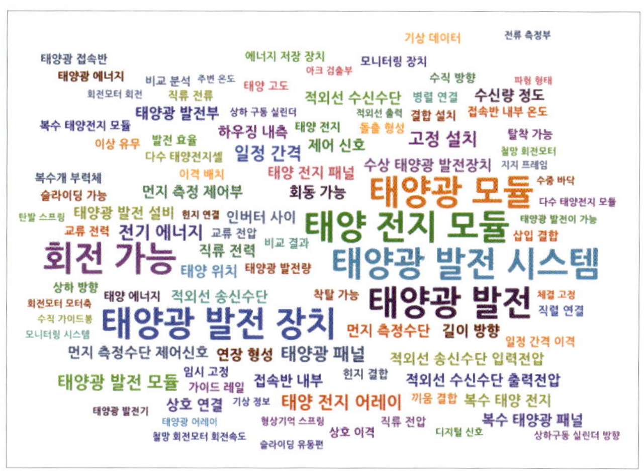

(3) 특허동향 분석

국내에서의 신재생에너지 태양광 분야의 연도별 특허동향을 살펴보면, 2010년에서 2014년까지 10개 내외로 저조한 출원건수를 보이다가 2015년 이후 해마다 50건 이상으로 활발하게 출원건수를 기록하였으며, 2018년에 135건의 특허출원 정점을 보이다가 2019년 이후 다소 주춤하고 있는 상태이다.

연도별 특허 출원건수

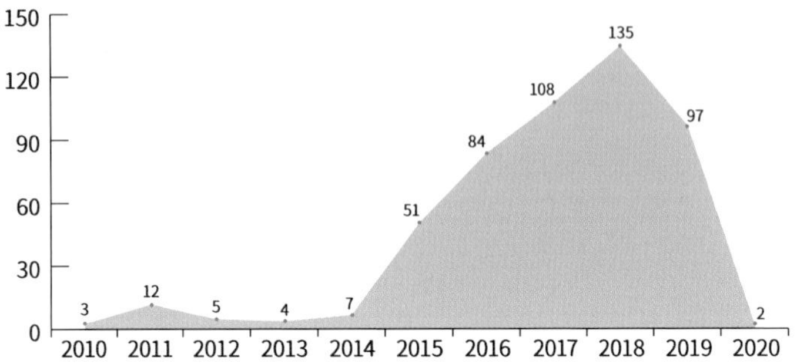

(4) 주요출원인 분석

주요출원인을 살펴보면, 2010년 이후 태양광 분야의 주요출원인 TOP10은 다음과 같이 LG전자㈜ 11건, ㈜대경산전 8건, 한국수력원자력(주) 7건, ㈜케이에스비 6건, 에너지기술연구원 6건, LS일렉트릭(주) 6건, ㈜코텍에너지 5건 및 ㈜일강케이스판, 건설기술연구원, ㈜신호엔지니어링, ㈜테크윈, (주)테크윈에너지, 스카이패널(주), 남동발전(주), ㈜이멕스, 이도익(개인), ㈜광명전기, ㈜에너솔라, 배석만(개인), 쇼빗야쿨반딧, ㈜한빛이노텍, LG이노텍(주)는 4건으로 22개 기업(개인 포함)이 총 109건으로 전체 출원(508건)의 21.5%를 차지하고 있다.

연도별 출원인 현황

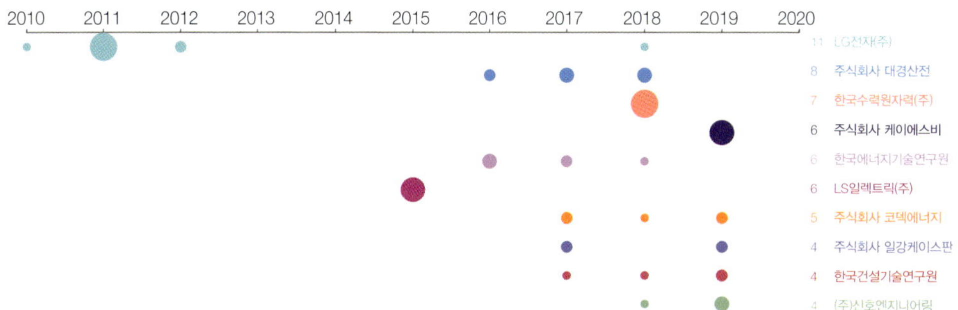

(5) 기술경쟁력 분석

국내 태양광 분야 특허에서 기술수준을 측정하는 3가지 지표(출원특허건수, 시장지배력, 기술영향력)를 통해 주요기업별 분포를 살펴본 결과, LG전자(주)는 기술영향력(5.45) 및 시장지배력(2.18)에서 모두 평균(1.52, 2.05) 이상으로 우수한 기업으로 나타났으며, 에너지기술연구원은 기술영향력 및 시장지배력이 1.17로써 다소 미흡하고, ㈜대경산전은 시장지배력은(1.5)은 평균 수준이나 기술영향력(0.88)에서는 낮게 평가되었다.

특허 기술경쟁력(기술성 v. 시장성)

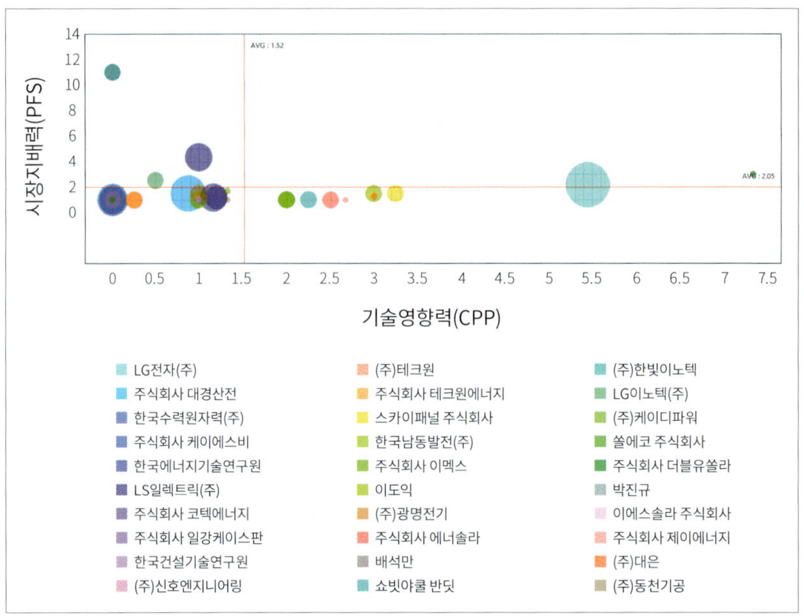

주1) 기술영향력(CPP): 피인용이 높을수록 영향력이 크며, 특허수 대비 인용수를 기준으로 계산됩니다.

주2) 시장지배력(PFS): 패밀리보유 건이 많은 척도로 많을 수록 시장력이 강합니다. 특허수 대비 패밀리수를 기준으로 계산됩니다.

주3) 버블크기: 출원 특허건수

(6) 특허활용도 분석

특허활동지수(AI; Activity Index)를 통해 LG전자(주), 에너지기술연구원, ㈜대경산전, 한국수력원자력(주), ㈜케이에스비의 기술 분야별 특허활동도를 살펴본 결과, LG전자(주)는 시험 및 기본적 전기소자 분야에서, 에너지기술연구원은 우주공학, 농업 및 기본적 전기소자 분야에서, ㈜대경산전은 시험 분야에서, ㈜케이에스비는 전기분해 또는 전기영동 방법 분야에서 상대적으로 활발한 특허활동을 나타내고 있다.

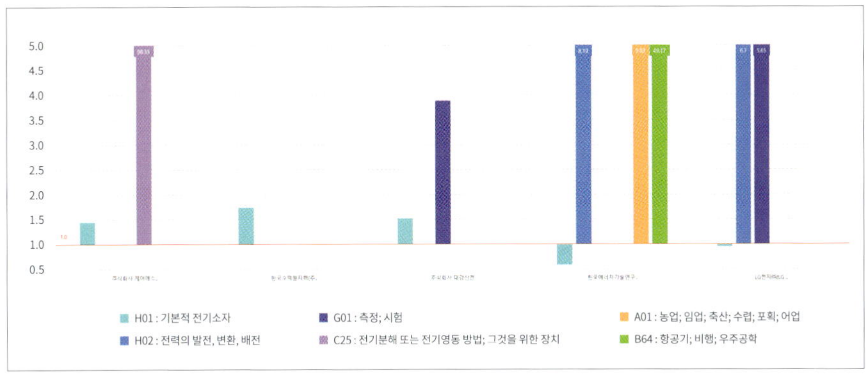

주1) 특허활동지수(AI): 특정 기술 분야에서 출원인(국가)의 상대적 특허 집중도

- AI가 1보다 큰 경우 출원인(국가)이 특정 기술 분야에서의 상대적 특허집중도가 높고, 1보다 작은 경우는 상대적 특허집중도가 낮음을 의미합니다. 또한 AI는 상대적인 비율이기 때문에 AI 지수가 높다고 하여 특허수가 많은 것은 아닙니다.

주2) $AI = \frac{\text{특정 기술 분야의 특정 출원인(국가) 특허수 / 특정 기술 분야의 전체 특허수}}{\text{특정 출원인(국가의 전체 특허수 / 전체 특허수)}}$

제 3 장 우리나라 기후변화 대응

1. 에너지 관련 국가계획 추진체계
2. 우리나라의 에너지 수급 현황

1. 에너지 관련 국가계획 추진체계(에너지 거버넌스)

지구온난화로 인한 기후변화에 대응해 우리나라의 지속가능한 에너지 절약과 효율 향상 그리고 신재생에너지 및 기술개발을 위한 국가추진 체계는 아래의 그림에서 보듯이 잘 구축되어 있다.

에너지 관련 주요계획 수립 및 추진체계

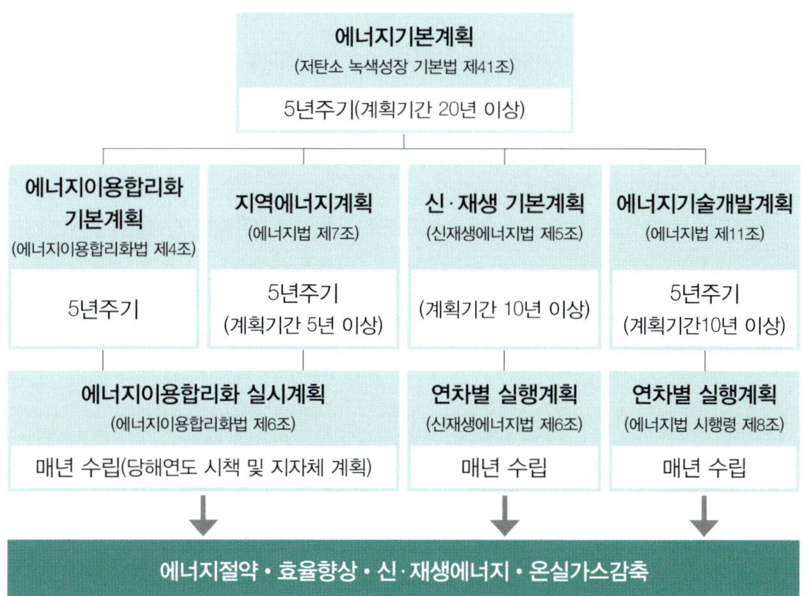

이외에도 종합적인 저탄소 녹색성장과 기후변화 대응을 위한 녹색성장 국가전략 및 녹색성장 5개년 계획, 기후변화대응 기본계획 등의 국가 계획이 있다.

그 외에 건물 분야에 특화되어 녹색건축물 조성 지원법에 의한 녹색 건축물 기본계획 및 지역 녹색 건축물 기본계획이 5년을 계획 주기로 5년마다 수립하여 시행하고 있다.

이러한 우리나라의 추진체계는 개발도상국 등에서 관련 공무원 연수를 보내거나 벤치마킹 등을 통해 우리의 체계가 해외에 널리 알려지고 있다.

2. 우리나라의 에너지 수급 현황

우리나라는 에너지의 90% 이상을 해외에서 수입하고 있다. 이렇게 수입된 1차 에너지는 열과 전기 등을 생산하기 위한 과정에서 22.6% 정도의 전환손실이 발생됨에 따라 소비되는 최종 에너지는 투입된 에너지의 77.4%만이 이용된다.

따라서 에너지 전환과정의 손실을 줄이려는 에너지 이용 합리화 노력은 수입되는 에너지의 양을 줄여 외화 유출을 줄일 수 있으며 그 과정에서 에너지 이용 효율을 높이기 위한 기술개발 등의 효과를 얻을 수 있을 뿐만 아니라 화석연료 사용으로 인한 이산화탄소의 배출을 줄일 수 있어 전 지구적인 기후변화에 기여하는 효과를 얻게 된다.

한편 태양에너지와 같은 신재생에너지는 수입하지 않아도 되는 순 국산에너지이므로 신재생에너지의 이용 확대 노력은 에너지의 해외 수입 의존도가 높은 우리나라는 그 이용효율을 높이고 사용을 적극적으로 확대시켜야 할 것이다.

국내 에너지 수급 흐름도(2017)

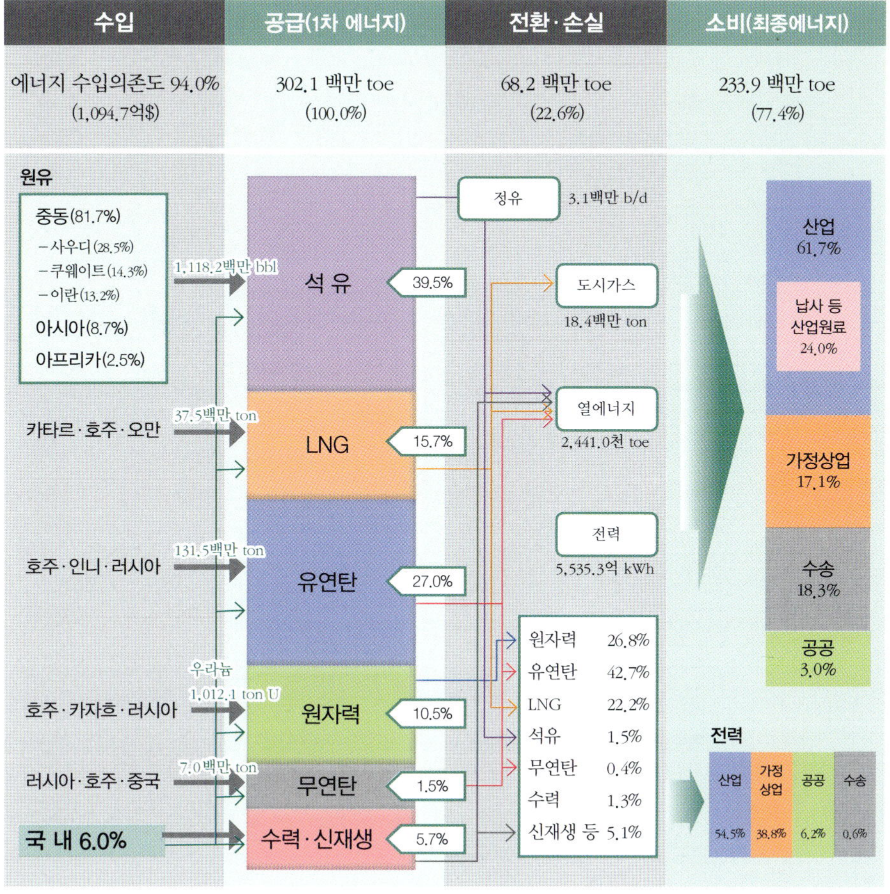

*출처: 2018 에너지통계연보(에너지경제연구원)

최근에는 전 지구적 기후변화에 대응하기 위해 테슬라, 이케아, 애플 등과 같은 글로벌 선도기업들은 자사에서 사용하는 에너지의 100%를 태양광과 같은 신재생에너지(Renewable Energy)로 생산한 전력만을 사용하기로('RE100 선언') 하고 이에 동참하지 않는 기업들과는 거래를 제한하는 등의 기후행동 계획을 실천에 옮기고 있어 수출 중심의 우리 기업들은 무역장벽화되는 신재생에너지 사용량 확대에 시급히 대응해야 할 것이다.

특히 국토의 면적이 좁고 도시화가 많이 된 우리나라의 경우는 건축물 지붕이나 벽면 등을 활용한 도심형 태양광 발전시설인 건물일체형 BIPV(Building Intergrated Photovoltaic) 방식의 태양광 발전 시스템 보급을 확대하는 것이 환경친화적이고 비용효과적이며 디자인 측면은 물론이고 안전 문제까지를 고려한 바람직한 대응수단이 될 것이다.

제 4 장

에너지 전환과 재생에너지

1. 재생에너지의 종류와 특징
2. 전 세계 재생에너지 현황 및 전망
3. 재생에너지 전환과 그리드 패리티

1. 재생에너지의 종류와 특징

인류는 선사시대 이래로 생존을 위해 재생에너지를 사용해왔다. 추위를 피하고, 젖은 옷을 말리기 위해 햇볕을 쬐거나, 논에 물을 대기 위해 물레방아를 사용하던 것도 넓게 보아서는 재생에너지의 사용이다.

그러나 현재는 전기에너지와 열에너지의 발생과 사용이라는 관점에서 재생에너지를 사용하고 있다. 통상 언급되는 재생에너지원은 신에너지 3종(화석연료 기반)과 재생에너지(자연에너지 기반) 8종으로 구분된다.

신에너지 vs. 재생에너지

구분	종류
신에너지	연료전기, 수소에너지, 석탄액화 가스화
재생에너지	태양광, 태양열, 바이오매스, 소수력, 해양, 풍력, 지열, 폐기물

신에너지, 재생에너지의 구분에 따라 기존에 신재생에너지라는 용어를 사용하고 있었으나, 2017년 12월 문재인 정부의 "재생에너지 3020" 계획 발표 이후 기존에 사용하던 '신재생에너지'라는 용어 대신 '재생에너지'라는 용어로 신에너지와 재생에너지를 통합해서 사용하고 있다. 단어가 주는 뉘앙스의 차이가 있겠으나, 친환경에너지의 이미지를 제고하는 목적으로 용어를 통일한 것으로 생각된다.

"신에너지 및 재생에너지 개발, 이용, 보급 촉진법"(약칭 신재생에너지법)에서 정의하는 신에너지와 재생에너지는 다음과 같이 정의된다.

"신에너지"란 기존의 화석연료를 변환시켜 이용하거나 수소, 산소 등의 화학 반응을 통하여 전기 또는 열을 이용하는 에너지로서 다음 각 목의 어느 하나에 해당하는 것을 말한다.

가. 수소 에너지
나. 연료전지
다. 석탄을 액화·가스화한 에너지 및 중질잔사유(重質殘渣油)를 가스화한 에너지
라. 그 밖에 석유, 석탄, 원자력 또는 천연가스가 아닌 에너지로서 대통령령으로 정한 에너지

"재생에너지"란 햇빛, 물, 지열, 강수, 생물유기체 등을 포함하는 재생 가능한 에너지를 변환시켜 이용하는 에너지

*출처: 신에너지 및 재생에너지 개발, 이용, 보급 촉진법

국내에서는 신재생에너지법에 따라 11종의 재생에너지를 인정하고 있다. 그 분류는 화석연료 기반의 수소, 연료전지, 석탄가스화 등과 자연에너지 기반의 태양광, 태양열, 지열, 소수력, 해양, 풍력, 폐기물 등이다.

그러나 본 분류는 국내 인정기준이며 국가별, 기관별로 다소 다른 분류체계를 가지고 있다. 예를 들면 연료전지, 수소에너지, 석탄가스화 등 화석연료 기반의 에너지는 국내의 경우 신에너지로 구분하여 친환경에너지로 인정하고 있으나, IEA, 유럽, 미국 등 국제적으로 해당 에너지원을 친환경에너지로

인정하는 것은 아니다. 엄격하게 이야기하면 신에너지는 화석연료를 변환한 에너지이기 때문이다.

분류 체계에 대해서는 전문가들도 다양한 의견을 제시하고 있는 부분이며, 향후 많은 사회적 논의와 합의가 필요할 것으로 생각된다.

국가별 재생에너지 인정 기준

	태양열	태양광	풍력	수력	지열			바이오매스	폐기물	매립지가스	해양에너지	수소	연료전지	석탄가스화	중질잔사유
					화산	심부	천부								
IEA	○	○	○	○	○	○		○	△		○				
EU	○	○	○	○	○	○	○	○	△	○	○				
미국	○	○	○	△			○	○	△	△	△				
일본	○	○	○	○	○	○	○	○	△	○	△				
한국	○	○	○	○		○	○	○	○	○	○	○	○	○	○

주1) ○은 전부 인정, △는 일부 인정

주2) 수력은 대수력, 소수력 공히 포함, 대부분의 국가가 대수력은 지원대상에서 제외

주3) 바이오매스: 고형, 액체 및 기체 바이오매스로 구분. 일부 국가에서는 폐목재를 고형 바이오매스에 포함

주4) 폐기물은 산업폐기물, 도시폐기물로 대분. 이 중 가연성이 대상이 되나 재생가능(renewable)과 비재생가능(non-renewable)으로 구분하기도 함

주5) EU의 매립지가스에는 하수처리장 바이오가스 포함

*출처: 신재생에너지 정의/분류체계(에너지경제연구원 2010)

재생에너지별 특징에 대해서 간략히 살펴보기로 하자.

(1) 태양광

태양광에너지는 태양빛을 받아 전기에너지로 변환시키는 태양전지(모듈)와 생산된 전기를 변환(직류→교류)하는 인버터로 구성되며 주변에서 가장 쉽게 접할 수 있는 재생에너지원이다.

시스템 구조가 간단하고, 기계적인 가동부가 없어서 유지보수가 간단하다는 특징이 있으며 예상 수명은 30년 정도로 장기간 운영이 가능하다. 그러나 계절 및 기후조건에 따라 발전 효율이 좌우되는 것은 단점이라고 할 수 있다.

(2) 태양열

태양열에너지는 태양의 복사광선을 흡수하여 열에너지로 변환하는 재생에너지원이다. 집열부, 축열부(열저장탱크), 제어장치 등으로 구성되며, 온수 및 난방시스템, 산업용공정열로 활용할 수 있다.

태양의 에너지를 활용하는 만큼 일사량과 날씨에 따라 효율이 좌우되는 점은 단점이라고 할 수 있으며, 이에 따라 에너지 생산도 간헐적으로 이루어져 안정적인 에너지 공급은 어려운 편이다.

(3) 풍력

풍력에너지는 바람의 힘을 회전력으로 전환시켜 발생하는 전력을 계통이나 전력 수요자에게 공급하는 발전 시스템이다.

바람을 받기 위해 수직으로 발전기를 설치하므로 차지하는 면적이 태양광보다는 작으며, 태양광의 변환 효율이 15~20%인 것에 비해 25% 이상의 변환 효율을 보이는 장점이 있다.

풍력 발전은 바람을 이용하기 위해 거대한 날개를 활용하므로 외관이 주변

풍광과 조화를 이루지 못할 경우가 있으며, 고유의 소음으로 인해 주민 수용성 문제에 직면할 가능성이 있는 것은 단점이다.

(4) 수력

수력은 하천이나 저수지의 물이 가진 유동에너지와 위치에너지를 이용하는 재생에너지원으로 수차를 이용한다.

강우량이 풍부한 지역, 산지에 댐이나 저수지가 형성되어 있는 곳에서 주로 활용되며, 필요시 3~5분의 빠른 시간 내에 발전이 가능하다. 또한 화력발전의 발전효율이 40~50%인 것에 비해 수차의 발전효율은 80~90%로 효율은 높은 편이나, 적절한 위치 선정이 관건이다.

(5) 폐기물

폐기물 에너지는 일상 생활이나 산업 활동에서 발생되는 폐기물을 단순소각이나 매립처리하지 않고 적정한 기술로 가공하여 연료화시킨 에너지이다.

생활폐기물, 산업폐기물, 폐목재, 폐유, 쓰레기 등을 에너지원으로 활용하며 가공을 통해 성형 고체연료(우드칩 등), 폐가스 등으로 활용할 수 있어 각종 폐기물을 저감하고, 온실가스를 감축할 수 있는 수단이 된다. 그러나 폐기물 보관 시 악취, 위생 문제, 폐기물 소각 시 환경오염물질 배출 등은 단점이 될 수 있다.

(6) 해양에너지

해양의 조수, 파도, 해류, 해수 온도차 등을 이용하여 전기 또는 열을 생산하는 재생에너지원이다.

무한한 해양자원을 활용한다는 장점이 있으나, 현재까지 타 에너지원에 비해 효율, 유지관리 측면에서 추가적인 연구가 필요하며 경제성을 확보하기 어렵다는 단점이 있다.

(7) 지열에너지

지하의 토양이나 지하수 등의 온도차를 이용하여 냉난방시스템에 필요한 에너지를 공급하는 재생에너지원이다.

지중의 온도는 연중 일정하므로, 높은 에너지 효율 및 성능 유지가 가능한 점, 날씨의 영향을 받지 않고 폐기물이 발생하지 않는 것이 장점이나, 지열 발전이 가능한 지역이 한정되어 있고, 땅의 침전 가능성이 있는 점 등 단점이 존재하여 심도 있는 사전 조사가 필요하다.

(8) 바이오에너지

바이오매스(유기성 생물체)를 직접 생화학적, 물리적 변환 공정을 통해 액체, 가스, 고체연료로 이용하는 재생에너지원이다.

동물의 지방, 식물(콩, 야자) 유지를 변환하거나, 쓰레기 매립장의 유기성 폐기물을 변환시킨 매립지 가스, 땔감, 목질칩 등을 연료로 사용한다. 바이오에너지 생성을 위해 옥수수나 사탕수수를 활용할 경우 농작물 가격의 상승을 유도할 수 있고, 채굴을 위해 생태계를 파괴하는 경우가 있어 환경 친화성에 대한 논란이 존재한다.

2. 전 세계 재생에너지 현황 및 전망

(1) 재생에너지 시장 현황(국제재생에너지기구, 2018년)

2017년 전 세계 신규 신재생에너지 발전설비 용량은 작년대비 4%가 증가하여 역대 최고치인 167GW가 증가하여 누적으로는 2,179GW를 기록하였다.

전체를 에너지원별로 보면 수력이 1,152GW, 풍력이 514GW, 태양에너지가 379GW, 바이오는 109GW, 지열이 7GW, 해양이 0.5GW로 나타났다.

태양광은 2016년보다 30% 증가한 97GW가 신규로 설치되어 모든 신규설비 중에서 증가율 1위를 차지하며 재생에너지 보급 확대를 주도하고 있다. 주목할 점은 그중 중국이 53GW로 전체 신규설비의 절반 이상을 차지한다.

반면에 풍력은 중국과 미국의 신규설치 규모 축소로 인해 2년 연속 감소세를 보이며 43.7GW가 신규로 설치되었으며 신규로 설치된 풍력발전 설비 용량의 4분의 3은 중국(15GW), 미국(6GW), 영국(4GW), 인도(4GW) 등 5개국

세계 재생에너지 발전설비 용량 추이

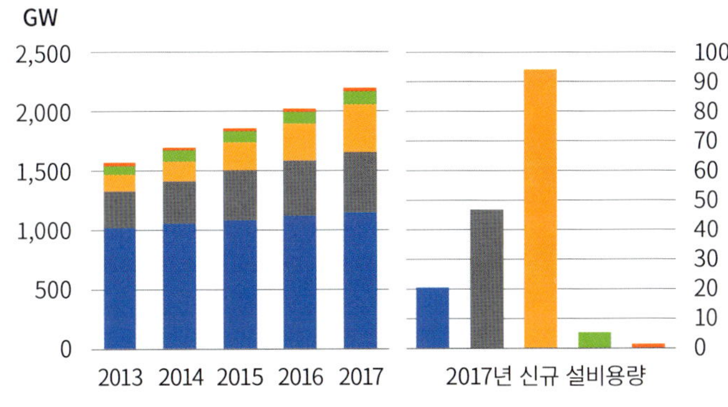

이 차지하였다.

그 밖에 수력이 25GW, 바이오는 7.2GW, 지열이 0.6GW, 태양열은 0.1GW가 신규 설치되었다.

(2) 재생에너지 시장 전망(2023년)

설비용량을 보면 2018년부터 2023년까지 새로 설치될 재생에너지 설비는 1,069GW가 설치되어 2023년에는 누적 설치 용량이 3,391GW에 도달할 전망이다.

그중 태양광은 가격하락 가속화에 힘입어 전체의 54% 수준인 575GW가 신규로 설치될 것으로 예상되며, 가정용 태양광의 보급 확대에 따라 분산발전형이 태양광 설치의 약 절반 수준인 256GW를 차지할 것으로 전망되었다.

태양광·풍력 LCOE 전망

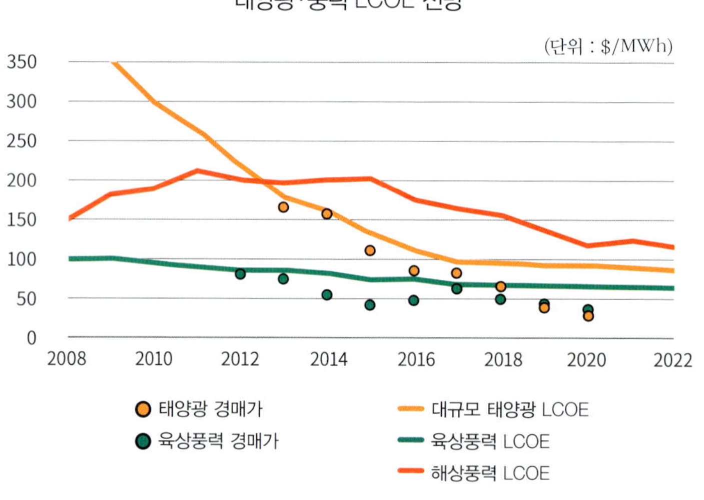

*출처: IEA, Renewables 2017 – Analysis and forecasts to 2022, 2017

가격하락의 주된 원인은 경매제도 및 보급 확대에 따른 학습효과에 따라 2017년에서 2022년 사이의 기간 동안 재생에너지의 발전원별 건설비용과 연료비용, 유지보수비용, 금융비용, 이용률 등 전주기에 걸친 내용을 분석하여 평가하는 방식인 발전원별 균등화발전비용(LCOE: Levelized Cost of Electricity)의 하락은 가속화될 것으로 전망된다.

특히 태양광과 풍력 부문의 대규모 프로젝트의 발전단가 하락이 두드러질 것으로 예측된다.

재생에너지 예측 발전량은 2018년부터 2023까지의 기간 중에 37%가 증가하여 총 8,641TW에 도달할 것이며 전체 발전량 비중의 30%를 차지할 전망이다.

재생에너지원별 발전량 비교

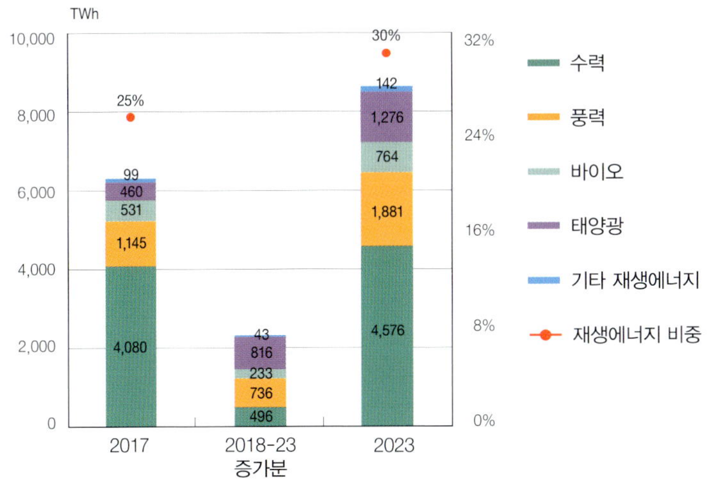

*출처: IEA, Renewables 2018-Analysis and forecasts to 2023

태양광의 증가폭은 35%로 가장 크지만 전체 구성비중은 수력이 53%로 여전히 가장 큰 비중을 차지할 것으로 예측되었다.

앞에서 살펴 본 것과 같이 전 세계의 신재생에너지 비중은 지금처럼 크게 확대될 것으로 보인다.

설비별로 보면 과거의 풍력 위주 성장에서 변화되어 태양광을 중심으로 한 보급이 확대되고 있으며 유럽과 선진국 중심의 기술개발에서 중국 등 아시아 신흥국 위주의 투자 형태로 변모하고 있다.

또한 태양광 발전 단가가 크게 하락하여 일부 선벨트 국가에서는 그리드 패리티가 달성되고 있어 앞으로는 가격경쟁에 대한 대응 외에 기술적인 진보가 매우 중요한 시대가 되었다.

앞으로 우리가 해야 할 것들은 저원가 보급과 연계해서 기술개발을 강화하고, 발전의 간헐성을 보완시키기 위한 ESS와 태양광 등의 융복합을 통해 경제성을 향상시키기 위한 기술을 더욱 발전시켜야 하겠다.

또한 대규모 시장을 창출하기 위해 리스형 비즈니스모델 개발과 에너지절약전문기업(ESCO) 활성화 등 다양한 비즈니스 모델과 전문회사들을 육성 및 활성화시키고 IT나 통신회사 등이 태양광 발전시장에서 보다 더 창의적인 참여가 촉진되도록 하기 위한 노력이 중요한 시대가 되었다

3. 재생에너지 전환과 그리드 패리티(Grid Party)

"돌이 다 떨어져서, 석기시대가 끝난 것은 아니다"라는 전 사우디아라비아 석유장관의 말처럼 석유가 고갈되어서 에너지 전환이 이루어지고 있는 것은

아니다. 과거에는 석유 부존량이 40~50년 밖에 남지 않아서 자원을 아껴 써야 한다는 소위 peak oil 이론이 각광받는 시대가 있었다. 그러나 peak oil 주장의 전제는 해당 시점의 기술력, 경제성을 전제로 할 때 가능한 주장이다. 수압파쇄법 같은 셰일 가스 채굴기술이 개발되고, 산유국 간의 가격경쟁이 치열한 현 시점에서는 성립되기 어려운 주장이다.

[참고]

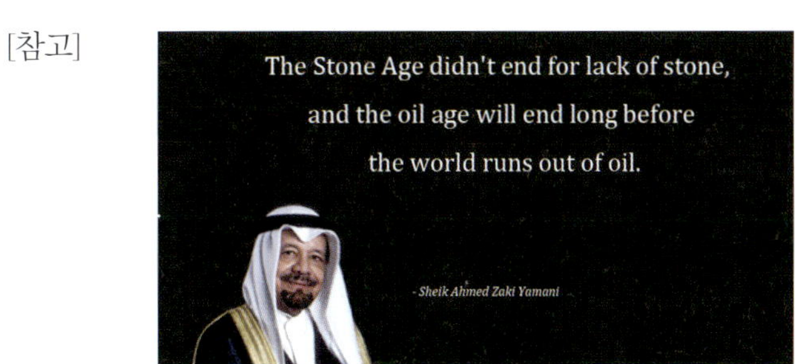

－Sheikh Yamani(전 사우디아라비아 석유장관)

1800년 이후 세계 1차 에너지 소비 동향: 1800~2016년

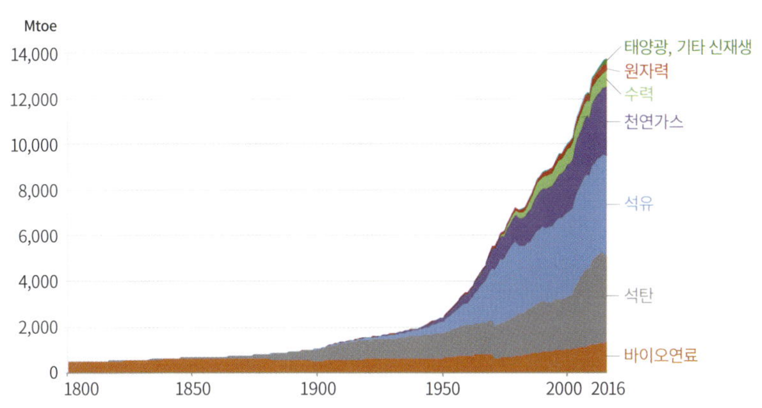

*출처: 에너지 사용과 지구온난화(에너지정보소통센터)

그렇다면 우리 시대의 에너지 전환은 왜 일어나는 것일까? 과거 농업혁명이나 산업혁명 시기에 발생했던 에너지 전환과 현재의 에너지 전환은 무엇이 다른 것일까?

과거와 현재의 에너지 전환

농업혁명	중세	산업혁명	현대의 에너지전환
가축을 노동적으로 활용	수차, 풍차 개발	화석연료의 에너지 이용	에너지의 생산, 유통, 소비 전반의 변화

*출처: 세계 에너지 정책 동향(에너지정보소통센터)

에너지 전환은 현 시점에만 발생하는 특이한 현상이 아니다. 환경과 시대, 기술의 변화에 따라 지속적으로 발생하며, 인류의 삶을 변화시켜 왔다. 농업혁명 시기에는 인력을 대체하기 위한 용도로 가축을 활용하면서 생산성을 높였고, 물을 길어 올리거나 곡식을 빻기 위해 수차, 풍차를 활용하였다.

산업혁명기에는 석탄, 석유의 활용 및 증기기관을 개발하여 생산에 필요한 더 많은 에너지를 효과적으로 얻을 수 있었다. 특히 산업혁명기를 거치면서 인류의 삶은 더욱 풍요로워졌으나 화석연료에서 발생하는 오염물질, 온실가스로 인해 대기오염, 급격한 기후변화 등 기존에 인류가 경험하지 못했던 급격한 환경 변화에 노출되었다.

이러한 상황을 전 세계적으로 인지하기 시작했으며, 이에 대한 대응책으로 에너지 전환 문제가 대두되었다.

[전 세계 발전량, 설비용량 변화(2018~2040)]

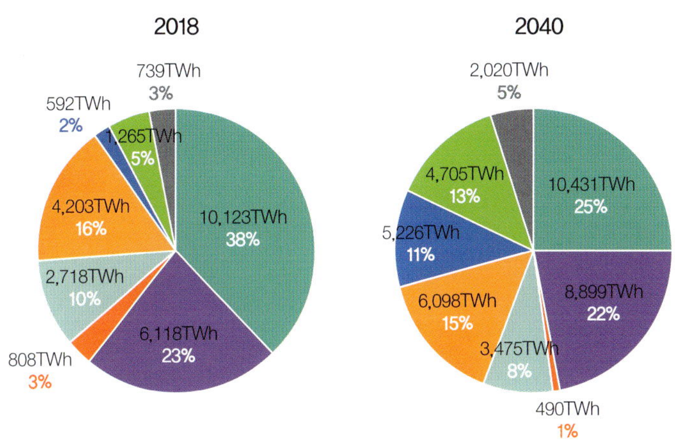

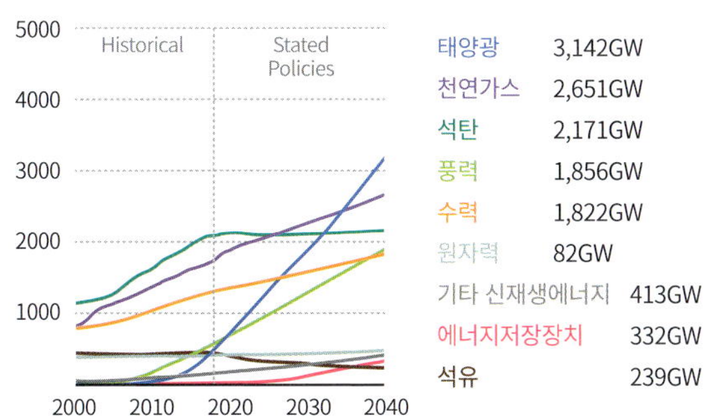

*출처: WEO 2019, 세계에너지전망(전력경영경제연구원)

발전원별 세계 전력 발전량(단위: TWh)

발 전 원	2000	2018	2030	2040
석 탄	5,995	10,123	10,408	10,431
석 유	1,207	808	622	490
가 스	2,760	6,118	7,529	8,899
원자력	2,591	2,718	3,073	3,475
수 력	2,613	4,203	5,255	6,098
풍력 및 태양광	32	1,857	5,879	9,931
기 타	238	776	1,374	2,049
합 계	15,436	26,603	34,140	41,373
전력 수요	13,152	23,031	29,939	36,453

World Energy Outlook 기준으로 전 세계 에너지를 전력 수요 및 전원구성으로 볼 때, 지금부터 2040년까지 석탄은 신규 투자가 거의 0%, 석유는 감소추세가 지속될 것으로 예상된다.

가스의 경우 석탄, 석유와 신재생에너지의 대체 시기 중간에 Bridge 연료로서의 기능을 수행할 것으로 예상되는데, 그나마 가스가 온실가스배출이 작기 때문이며, 가스 화력 발전 중심으로 증가가 예상된다.

발전설비용량은 태양광, 풍력이 신규 전원 구성의 주요한 역할을 수행할 것으로 전망되며, 전력 부문의 투자도 이에 상응하여 연평균 3,600억 달러 규모의 투자가 태양광, 풍력 분야에서 발생한다.

특히 글로벌 투자사들은 신규 석탄발전에 대한 금융 제공 및 투자 계획을 철회하는 경우가 최근 증가하고 있다. 예를 들면, 글로벌 자산운영사인 블랙독의 래리 핑크 최고경영자는 "총 매출의 25% 이상을 석탄화력 생산, 제조활동에서 벌어들이는 법인기업 자산은 포트폴리오에서 제외해 올해 중순까지

팔아치우겠다"고 주주에게 발송하는 연례 서신에서 밝히기도 했다.

실제로 국제에너지기구(IEA) 자료에 따르면 향후 석탄, 석유 발전 프로젝트에서 발생하는 투자는 신재생에너지 대비에서 미미한 수준으로 전망된다.

[전력부문 투자(2018~2040)]

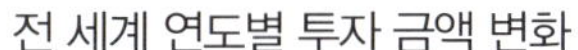

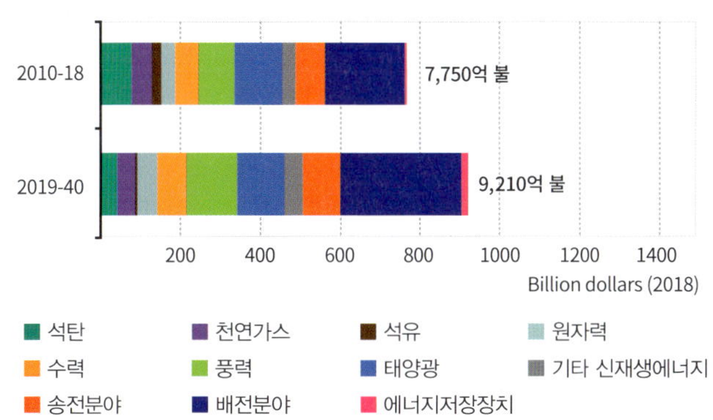

전 세계 부문별 연간 투자 금액

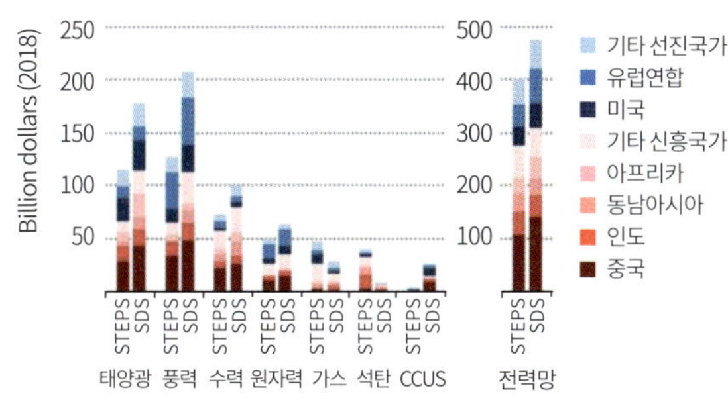

*출처: WEO 2019, 세계에너지전망(전력경영경제연구원)

■ 재생에너지 경제성

재생에너지가 기후변화 대응, 온실가스 저감을 위해 전 지구적인 캠페인 속에서 보급 확대 중이고, 보조금 혜택 속에서 성장한다는 비판을 받고 있지만 재생에너지 분야도 엄연한 산업 분야이다.

산업이라면 Q.C.D(품질, 가격, 일정) 등 제품으로서 가져야 할 경쟁력을 보유하고 있어야 하는데, 현재 가장 취약한 부분이 경제성이다. 이러한 경제적 취약성은 화석연료 대비해서 연료의 밀도가 낮고, 간헐적이라는 고유의 특성 때문에 발생하는 것이다.

태양광 에너지를 예로 들어 보자.

햇빛이 비치는 곳이라면 어디나 설치 가능하고 소형 제작이 가능하며, 기계적인 가동부가 없어 소음과 진동이 작다는 것, 수명이 길고 유지보수가 거의 필요하지 않다는 것이 태양광의 최대 장점이다. 그러나 평방미터당 1,000W의 태양광 에너지를 받아도 변환 효율이 실리콘 태양전지 기준으로 15~18%(2019년 기준) 수준으로 낮고, 초기 투자비용이 높다는 것이 단점이다.

즉, 현재 기준으로 석탄, 석유가 kWh당 100원에 전력을 생산한다면 태양광은 150원에 생산할 수밖에 없는 것이다.

그러나 언제나처럼 기술혁신으로 산업의 단점은 극복되어 왔다. 기술개발 초기에 보조금 없이 신재생에너지를 설치하는 것은 불가능에 가까웠으나 기술발전으로 경제성이 개선되고 있다.

재생에너지, 특히 태양광 분야에서 경제성을 나타내는 유명한 법칙을 소개하고자 한다. 반도체 분야에 무어의 법칙, 황의 법칙이 있듯이 태양광 분야에는 스완슨의 법칙이라는 것이 있다. 미국의 저명한 태양광 제조, 건설 회사인 SunPower사의 설립자 리처드 스완슨이 태양광 모듈 시장의 흐름을 관찰하여 정리한 이론으로서 전 세계 모듈 설치량이 2배 증가할 때마다 태양광 모듈 가격은 20% 하락한다는 경험적 규칙이다. 단가로 보았을 때는 현재 10년마다 절반 수준으로 Wp당 가격이 하락하고 있다.

스완슨의 법칙

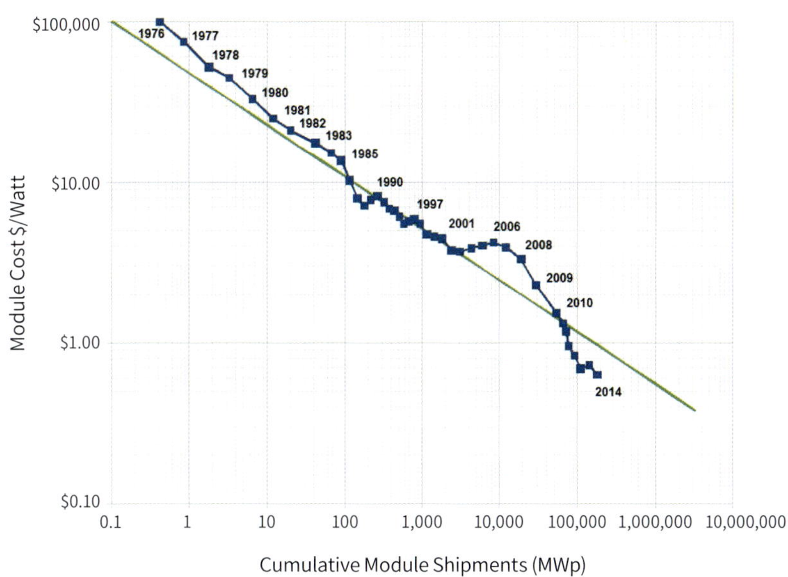

*출처: Swanson's law(위키피디아, 2019)

스완슨의 법칙에 따르면 1970년대 1Watt당 100달러를 상회하던 태양광 가격은 2012년에 1달러 이하로 단가가 하락했고, 2020년 현재 30~50센트 수준의 가격을 유지하고 있다. 이러한 가격하락 추세는 태양광 물량이 확대될수록 더욱 심화될 것이다.

1, 2차 석유 파동, 걸프전 등 석유 관련 이슈가 발생할 때마다 대안적 에너

지원으로서 재생에너지 기술은 언급되었다가 사라지기를 반복했다. 그 이유는 재생에너지 발전원과 관련 기술이 에너지 산업 구성요소로서 갖추어야 할 경제성을 충분히 갖추지 못한 이유가 크다.

그러나 상황이 점차 바뀌고 있다. 지역별로 차이는 있으나 태양광과 풍력은 이미 충분한 경제성을 가지는 에너지원이다.

LCOE, Grid Parity

Grid Parity를 이야기하기 전에 LCOE의 개념을 먼저 이해할 필요가 있다. LCOE는 'Levelized Cost of Electricity'의 약자로 우리말로는 '균등화 발전원

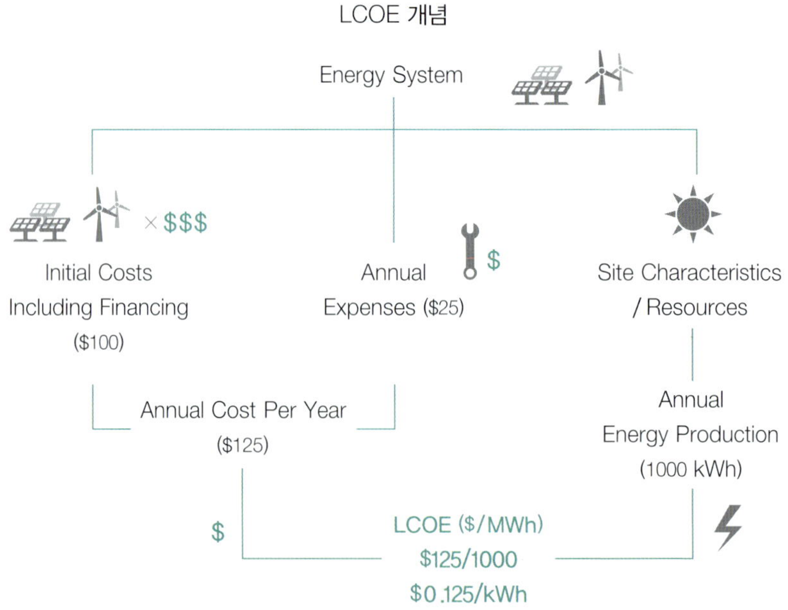

산출 로직

$$\frac{\sum_{t=1}^{n} \frac{I_t+M_t+F_t}{(1+r)^t}}{\sum_{t=1}^{n} \frac{E_t}{(1+r)^t}}$$

I_t = Investment expenditures in year t (including financing)

M_t = Operations and maintenance expenditures in year t

F_t = Fuel expenditures in year t

E_t = Electricity generation in year t

r = Discount rate

n = Life of the system

*출처: LCOE(U.S Department of Energy, 위키피디아 2020)

가'라고 번역된다. 발전소가 1kWh의 전기를 생산하기 위해 설비 제조, 설치, 운영, 폐기 등 LCA(Life Cycle Assessment) 측면에서 어느 정도의 비용이 발생했는지 확인하는 지표로 다른 발전원과의 경제성을 비교할 때 주로 사용되는 지표이다.

발전소는 원별로 20~40년의 수명을 가지는데 수명주기 전체를 통틀어 생산된 전력과, 이를 위해 투자된 설치비, 운영비, 연료비 등을 종합하여 같은 전력을 생산하기 위해 필요한 비용을 비교할 수 있다.

LCOE는 분석하는 시점이 중요하다. 왜냐하면 LCOE를 산출하는 데 필요한 조건인 투자비, 운영비, 연료비 외에도 사회경제적인 변화를 반영하여 환경비용 등이 추가될 수 있기 때문이다.

석탄화력발전의 경우 대기오염 등 저감에 필요한 비용이, 원자력 발전의 경우 원전 폐기물의 재처리 비용 등이 대표적인 추가 환경 비용이 될 수 있다. 이러한 요소는 장기적으로 전통적인 발전원의 LCOE를 증가시키는 요인으로 작용할 수 있는데, 재생에너지의 경우는 기술발전 등으로 설치비, 운영비가 줄어들고 있어 LCOE는 감소하는 추세이다.

화석연료기반 발전원은 점차 LCOE가 높아지고, 재생에너지의 경우 경제성 기술로 극복되면서 LCOE가 점차 낮아진다면 어떤 지점에서 화석연료와 재생에너지의 LCOE가 동등해지는 사건이 발생한다. 이 지점이 Grid Parity이다.

Grid Parity의 개념

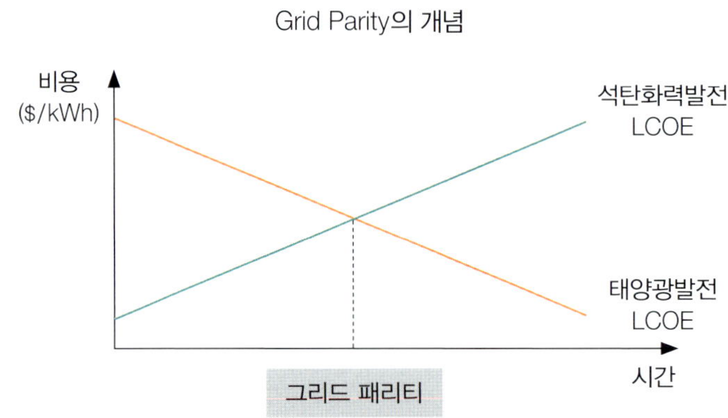

*출처: Grid Parity(Solar Connect 2020)

그리드 패리티가 발생할 경우, 재생에너지 발전원의 유일한 약점이 극복되므로 합리적 소비자는 재생에너지를 주요 발전원으로 선택할 것이다.

그러나 그리드 패리티가 오는 시점은 국가별, 재생에너지 원별로 다를 수 있다. 통상 석탄발전 LCOE 기준으로 태양광, 풍력 등 다른 재생에너지 발전원과의 발전단가를 비교하는데, 전력요금이 국가마다 상이하고, 태양광 발전시간, 풍력의 풍속 등 그리드 패리티에 영향을 미치는 요소들이 다르기 때문에 지역별 편차가 있다.

또한 예측기관마다 상이한 결과가 나오지만 분명한 것은 어떤 기관이든 언젠가 그리드 패리티가 온다는 것은 확실하게 예측한다는 점이다.

[참고: 국내 Grid Parity 예측]

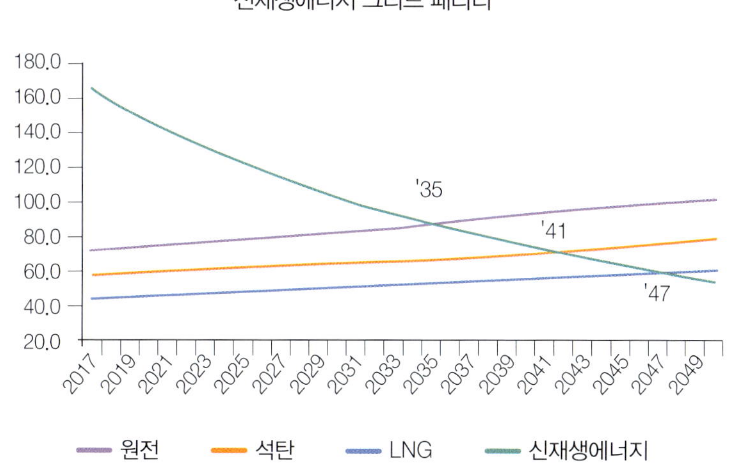

*출처: 탈원전 정책의 경제적 영향(한국경제연구원 2019)

제 5 장

태양광 발전 알아보기

1. 태양전지 기술개발사

선사시대 이래로 인류는 태양에너지를 사용해왔다. 신화에 따르면 포에니 전쟁에서 시라쿠사의 아르키메데스는 태양에너지를 수십 개의 청동거울로 반사시켜 로마군의 군함을 불태웠다는 이야기가 전설로 전해져 온다.

아르키메데스의 청동거울

*출처: 태양광 모아 로마함선 불태우기(국방홍보원 블로그, 위키피디아)

이러한 전설이 아니더라도 인류가 태양에너지를 사용한 역사는 매우 길다. 고대에 볼록렌즈로 태양광을 모아서 불을 붙이는 방법은 지금도 캠핑가서 야

외에서 생존할 때 쓰이기도 하고, 매년 올림픽의 시작은 아테네에서 태양광을 모아서 성화를 채화하며 시작된다.

태양에너지는 지역적 편재가 심하지 않고, 주변에서 쉽게 접할 수 있는 에너지원이기 때문에 고대로부터 다양한 형태로 이용되어 왔다.

태양전지의 본격적인 에너지로서의 응용은 19세기부터 시작된다. 태양전지의 원리는 프랑스의 물리학자 에드먼드 베크렐이 19세에 발견했다고 하는데, 아버지의 실험실에서 백금으로 만든 금속판 2개를 산성, 중성, 염기성 용액에 담그고 나서 태양광에 노출시켰을 때 전류가 생성되는 것을 발견하고 프랑스 과학 아카데미에 소개했다고 한다.

한눈에 알아보는 태양전지의 역사

• 1839년

앞서 말씀드렸던 빛에너지를 이용해 전자가 생겨 전류를 만들 수 있는 광전효과(photoelectic effect)를 프랑스에서 E. Becquerel이 최초로 발견합니다. 이것이 어쩌면 태양전지의 출발점이라고 볼 수도 있겠죠.

• 1870년대

H. Hertz는 Se의 광전효과 연구를 진행하는데요. 효율 1~2%의 Se cell이 개발되어 사진기의 노출계에 사용하게 됩니다. 여기서, cell(셀)이라고 불리는 것이 태양전지, 즉 태양광 모듈의 기본 단위로 이 셀들이 모여서 하나의 태양광 모듈이 만들어지게 됩니다.

• 1940년대~1950년대 초

1870년에 활용된 셀은 효율이 굉장히 낮습니다. 이를 개선할 수 있는 셀을 만들어내려면 원재료에도 변화가 필요하겠죠. 1940년대에는 초고순도 단결정실리콘을 제조할 수 있는 Czochralski process가 개발됩니다.

• 1954년

점차 광전효과를 활용한 셀의 효율을 높이는 기술이 개발되는데요. 벨 연구소(Bell Lab.)에서 효율 4%의 실리콘 태양전지를 개발하게 됩니다. 태양전지의 활용가능성이 더욱 넓어지게 되죠.

• 1958년

효율이 높아진 실리콘 태양전지를 발명한 후, 많은 곳에서 태양전지를 실제로 사용하게 됩니다. 특히 미국에서 뱅가드(Vanguard) 위성에 최초로 태양전지를 탑재하게 되는데요. 그 이후 모든 위성에는 태양전지를 사용하게 됩니다.

• 1970년대

오일 쇼크 이후 사람들은 '에너지'를 좀 더 진지한 시선으로 바라보게 됩니다. 그리고 신재생에너지에 대해 적극적으로 관심을 가지게 되는데, 특히 현실적으로 당장 실현가능한 '태양광 발전' 연구개발에 수십억 단위의 투자가 이루어집니다. 단순히 연구개발에 그치지 않고, 상업화도 급격히 진전되죠.

*출처: 태양전지의 역사, 그리고 태양광 모듈(해줌 블로그)

2. 태양광 발전 원리와 시스템 종류

태양광 발전은 광전효과를 이용하여, 태양빛을 직접 전기에너지로 변환하는 발전 방식이다. 광전효과는 금속 등의 물질이 고유의 특정 파장보다 짧은 파장을 가진(예를 들면 빛) 전자기파를 흡수했을 때 전자를 내보내는 현상이다. 이때 방출되는 전자는 빛에 의해서 발생하는 전자이므로, 광전자라고 이름이 붙여졌다. 일반 상대성이론으로 유명한 알버트 아인슈타인이 주장한 이론으로, 빛의 입자성을 가정하여 광전효과를 설명한 공로로 아인슈타인은 노벨 물리학상을 수상하였다.

아인슈타인 광전효과: 태양광 발전원리

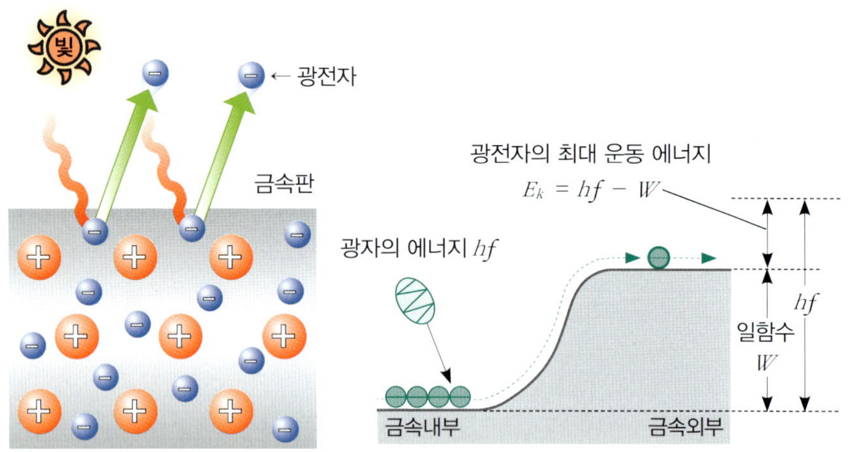

*출처: 아인슈타인 광전효과 실험(블로그, 생활 속의 물리)

태양전지의 분류는 태양전지는 재료에 따라 크게 결정형과 박막형으로 구분될 수 있다. 결정형 태양전지는 주로 실리콘(Si)을 사용하는 태양전지로서, 단결정과 다결정으로 구분된다.

박막형 태양전지는 웨이퍼를 사용하지 않은 thin film 태양전지로서 실리콘 박막, 화합물 박막, CIGS 박막, 염료감응형 박막 등이 있다.

태양전지 종류

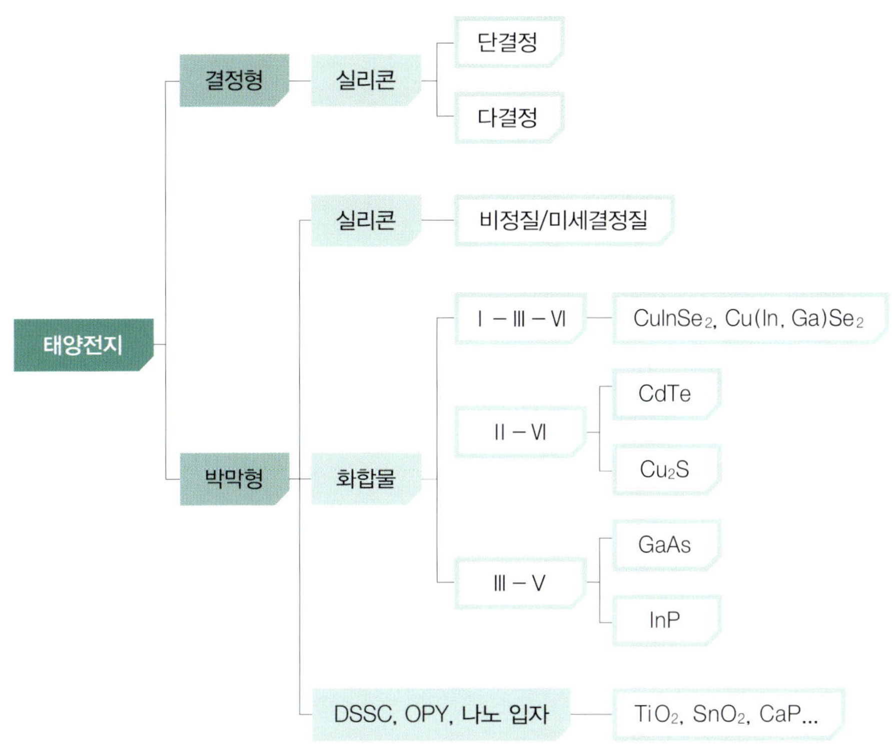

*출처: 중소기업 통합기술로드맵(중소기업청)

현재는 결정형 실리콘(Si) 태양전지가 시장을 주도하고 있으며, 용도에 따라 CIGS 박막형 태양전지 등도 점차 적용이 확대되고 있는 상황이다.

현재 태양광 업계에서 가장 많이 사용되고 있는 태양전지는 실리콘 기반의 태양전지이다. 폴리실리콘 기반의 태양전지가 활성화된 이유는 반도체 산업 때문이다. 규소는 모래나 자갈처럼 지구상에 풍부한 원소이면서 철강과 마찬

가지로 반도체는 현대문명의 쌀이라 불릴 정도로 지금의 기술발전을 이룩하는데 기여했다. 반도체와 태양전지는 실리콘 웨이퍼라는 박판 형태로 가공한 소재 위에 만들어지고 있다.

*출처: 태양광 충전&발전에 대한 정보(수 blog)

반도체와 태양광 웨이퍼에 사용되는 실리콘은 순도의 차이가 존재한다. 순도는 99.999%처럼 순수한 실리콘이 얼마나 차지하고 있느냐로 나타내는데, 반도체용 실리콘은 11N(99.999999999%, "9"가 11개), 태양광용 웨이퍼는 9N(99.9999999%, "9"가 9개)의 폴리실리콘을 사용한다.

태양광용 실리콘 중에서도 단결정은 고순도 p-Si 8~9N, 다결정은 저순도 p-Si 5~6N을 사용한다. 다결정은 비교적 낮은 순도를 사용해도 되므로, 반도체 공정의 Scrap 폴리실리콘이나 재활용 웨이퍼를 사용하기도 한다. 폴리실리콘을 녹여서 생산된 단결정과 다결정 셀을 종 및 횡방향으로 결합하고, 전류가 흐를 수 있도록 리본을 붙여준다. 기계적 강도를 확보하기 위해 충진재(EVA), 유리기판, Back-sheet를 함께 진공 압착하면 태양전지 모듈이 되고, 이 모듈을 전력변환장치(인버터 등)와 시스템화하면 태양광 발전설비가 만들어진다.

모듈의 구조

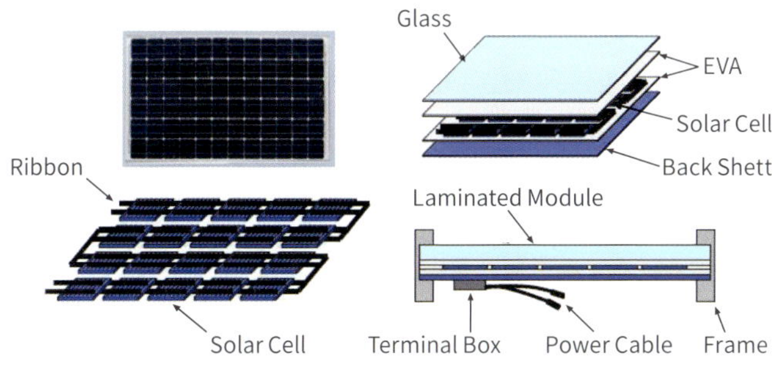

*출처: 전기 생산의 핵심, 태양광 모듈 구조 집중 해부(한화63시티 블로그)

결정질 모듈 제조 공정

*출처: 태양광 이론 및 특성, 제조공정(에너지기술평가원, 럭스코)

제 6 장 태양광 사업의 현재

1. 태양광 사업의 오해와 진실
2. 태양광 발전 시스템과 비즈니스 모델
3. 태양광 발전사업 추진 절차
4. 태양광 발전시설 투자 의사 결정
5. 투자 의사 결정 체계
6. 태양광 발전사업 경제성 분석
7. 태양광 발전시설 투자 재원조달 방법
8. 태양광 발전 시스템의 수익 향상 방법
9. 태양광 발전시설 투자에 대한 세액공제 제도 활용
10. 안전 및 유지관리를 통한 운영 비용 절감

1. 태양광 사업의 오해와 진실

■ 가짜뉴스?

각종 미디어의 발달과 함께 허위정보와 오보, 거짓정보 등 다양한 형태의 가짜뉴스들이 빠르게 전파되고 소비된다. 문제는 이러한 가짜뉴스들이 사실에 대한 검증, 출처에 대한 확인도 없이 정보 소비자에게 전달되고, "아니면 말고?"식으로 마무리되는 경우가 많다.

가짜정보의 유형

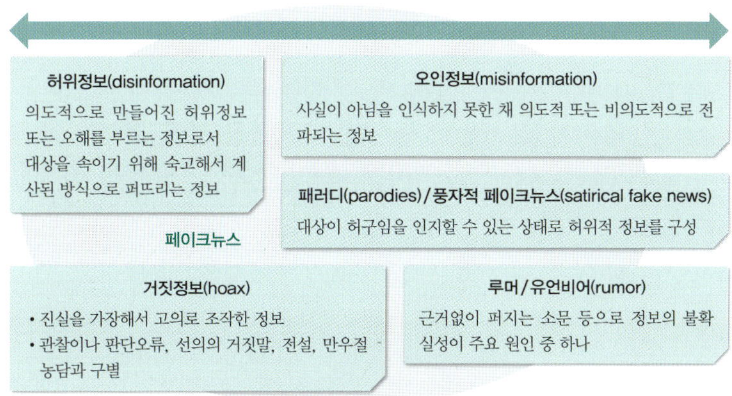

*출처: 페이크 뉴스, 풍자인가 기만인가?, 논란의 가짜뉴스, 문제와 해결책은?(황용석, BLOTER, 2017)

태양광 사업이 활성화되면서 이와 관련된 각종 소문과 오해들도 빠르게 싹트고 있다. 대표적인 소문으로는 "태양광 패널은 중금속 덩어리이다", "전자파가 극심하게 나온다", "빛이 반사되어 인체와 농작물에 피해를 준다" 등 다양한 이야기가 존재한다.

문제는 이러한 소문들이 검증없이 전파되면서 태양광과 관련된 제조, 시공, 유지보수 등 관련 기업의 사업 추진에 심대한 영향을 미치고, 정책적 보급 확대에도 어려움을 가져온다는 것이다. 이에 따라 국민의 수용성을 높이고 재생에너지 보급을 활성화하기 위해 산업통상자원부, 한국에너지공단 등 관련 기관에서는 적극적으로 오해와 불신을 해소하고 있는 상황이다. 특히 산업통상자원부와 에너지공단은 최근 "태양광, 풍력발전 바로 알기"라는 자료를 통해 각종 우려를 불식시키고 있다. 상세 내용은 부록의 〈첨부 1〉을 참조하기 바란다.

2. 태양광 발전 시스템과 비즈니스 모델

태양광 발전 시스템은 태양광 모듈(여러 모듈의 집합체인 어레이), 전력저장 기능의 축전장치, 태양전지에서 발전한 직류를 교류로 변환하는 전력변환장치인 PCS(Power Conditioning System), 시스템 제어 및 모니터링과 부하로 구성되어 있다.

태양광 발전 시스템의 구성요소 중 가장 핵심적인 부품은 태양전지이다. 태양전지는 기본적으로 반도체소자이며 빛을 전기로 변환하는 기능을 수행한다. 태양전지의 최소단위를 셀이라고 하는데 보통 셀 1장에서 나오는 전압이 약 0.5~0.6V로 매우 작기 때문에 여러 장을 직렬로 연결하여 수 V에서 수

태양광 발전 시스템의 구성요소

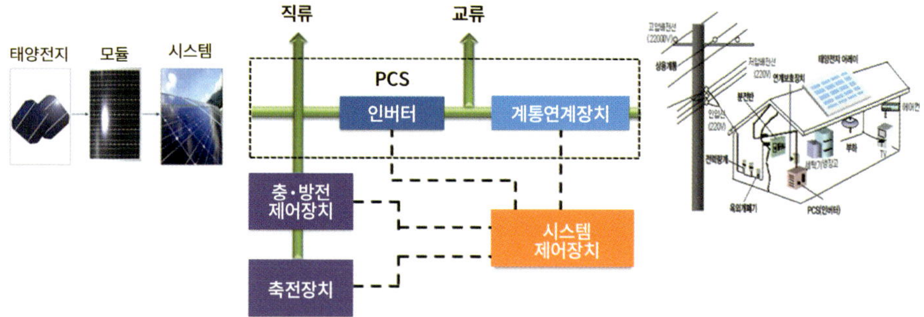

*출처: 태양광 발전 시스템의 구성요소(신재생에너지백서 2018)

십 V 이상의 전압을 얻도록 패널 형태로 제작하며 이를 태양광모듈이라고 한다. 또한 이러한 모듈을 여러 장으로 직병렬 연결함으로써 부하의 용량에 적합하게 연결하여 설치한 것을 태양광 어레이라고 하는데, 이는 회전형 발전 방식의 발전기에 해당한다고 하겠다. 전력변환장치인 PCS/인버터는 태양광 어레이로부터 발생되는 직류전기를 상용주파수·전압의 교류로 변환하여 전력 계통에 연계하여 전력을 송전하는 역할을 함과 동시에 시스템의 직류와 교류 측의 전기적인 감시 및 보호를 하는 구성요소로서, 태양광 시스템 중에서 태양광모듈 다음으로 가격 비중이 높다.

태양광 발전 시스템이 적용되는 부하는 다양한 형태로 존재하며, 부하의 종류에 따라 지상용 시스템과 우주용 시스템 및 민수용 시스템, 또한 지상용 시스템은 계통연계형 시스템과 독립형 시스템으로 분류할 수 있다.

보다 상세하게 지역 및 환경맞춤형으로 구분하면, 대규모 발전용(Utility), 소규모 발전용(상업용, 가정용 등), 건물일체형(BIPV), 수상용, 사막용 태양광 및 집광형 태양광 발전 시스템 등으로도 분류할 수 있다.

부하의 종류에 따른 태양광 발전 시스템 구분

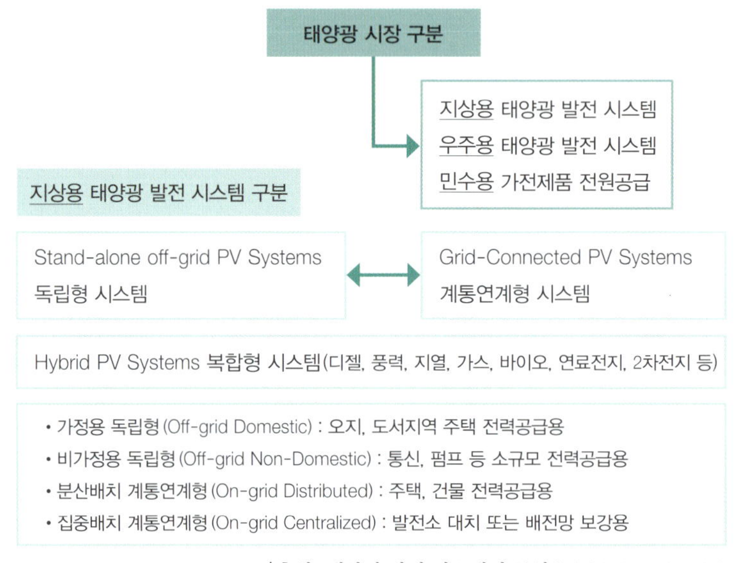

*출처: 태양광 발전 시스템의 구성요소(신재생에너지백서 2018)

설치 장소별 태양광 발전소

지상형 Ground Mounted

- 지상형 태양광 발전소는 주변에 비해 생산성이 낮은 토지에 태양광 발전 설비를 설치하여 안정적인 현금 수익을 창출하는 시스템입니다.
- 설치비용 측면에서는 인허가 비용 및 추가 구조물이 필요하기 때문에 지붕형 태양광보다 약간 더 비쌉니다.

수상형 Floating

- 수상형 태양광 발전소는 부력체를 활용하여 태양광 패널을 잔잔한 호수나 저수지, 댐의 물 위에 띄워 전기를 생산하는 시스템입니다.
- 이 기술은 지상형 태양광 발전으로 인한 산림의 피해를 방지하며, 사용되지 않고 있는 유휴지역을 활용하여 새로운 부가가치를 창출할 뿐만 아니라 녹조 예방에 도움이 됩니다.

지붕형 Rooftop

- 지붕형 태양광 발전소는 공장용, 상업용 또는 주거용 건물의 지붕이나 슬라브 옥상에 태양광 패널을 설치하여 전기를 생산하는 시스템입니다.
- 주거용 건물의 발전 시스템은 일반적으로 3~20kW의 용량이고, 공장용이나 상업용 건물은 지붕면적을 최대한 활용하여 50kW 이상을 설치합니다.

영농형 Agriculture

- 영농형 태양광 발전소는 경작지 상부에 설치하여 농산물 생산과 발전 수익을 동시에 창출하는 획기적인 시스템입니다.
- 태양광 발전으로 생산한 전기는 농사에 사용하는 용수공급, 비닐하우스 난방 및 각종 농사용 설비에 사용하며, 남는 전기는 판매를 통해 현금 매출을 가져올 수 있습니다.

*출처: 태양광 발전소 유형(SELTECH 홈페이지)

시스템으로 만들어진 태양광 발전설비는 여러 가지 사업 형태에 따라 다양한 형태로 분류될 수 있다. 생산된 전력의 직접 소비 여부에 따라 자가소비형, 판매사업형으로, 계통과 연계 여부에 따라 독립형, 계통연계형으로, 설치장소에 따라 지상형, 수상형, 지붕형, 영농형으로도 나뉜다.

3. 태양광 발전사업 추진 절차

발전사업은 전기를 생산하여 이를 전력시장을 통해 전기판매사업자(한국전력)에게 공급하는 것을 목적으로 하는 사업이며, 국가의 인프라를 구축하는 사업으로 중요성을 지닌다.

따라서 사업은 신고제가 아닌 인허가제도로 운영되며, 사업 추진을 위한 역량과 기술, 경제성이 뒷받침될 때 추진이 가능하다. 상세한 추진 절차 등은 전문서적 및 한국전력, 전력거래소, 에너지공단, 산업자원부, 전기공사협회 등의 자료를 참조하기 바라며 첨부에 해당 자료 출처 등을 명기하였다.

단, 발전사업에서 인허가가 차지하는 중요성이 크므로, 여기에 대해서만 간략히 소개하기로 한다. 구성 단계는 크게 3부분으로 구성된다.

(1) 사업허가 단계(발전사업, 개발행위)

- 발전사업 허가 신청 및 취득에 있어서는 사업 추진을 위한 재무능력, 기술능력, 사업 이행력, 전력계통 운영 적정성 등을 심사
- 개발행위 허가 및 취득에 있어서는 입지의 적정성, 기반시설 계획, 주변 지역 환경 및 경관보호 등을 심사

(2) 설치공사 및 확인

- 공사 계획은 용량에 따라 인가 또는 신고로 운영: 인가(10MW 이상, 산업부), 신고(10MW 미만, 산업부 또는 지자체)
- 사용 전 검사: 전기안전공사
- 공급인증서(REC) 발급대상 설비확인: 한국에너지공단

(3) 전력거래

– 전력거래 계약: 설비용량별 전력거래시장 참여 또는 PPA 계약

– 상업운전: 한국전력 또는 전력거래소

※전력수급계약(PPA: Power Purchase Agreement): 발전사업자가 생산한 전력을 전력시장을 통하지 않고, 한전과 직접 거래하는 계약

발전사업 절차도

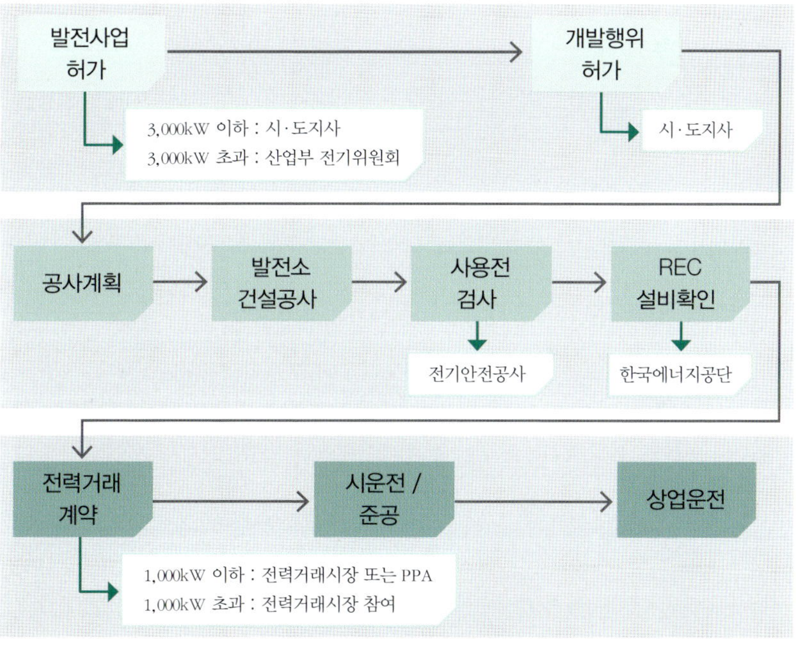

*출처: 신재생 발전사업 절차(신재생 원스톱 사업정보 종합포털)

4. 태양광 발전시설 투자 의사 결정

사업성 검토는 프로젝트의 정기적인 수익성을 바탕으로 가치를 증대시킬 수 있는가를 판단하기 위하여 재무적 타당성, 경쟁력을 체계적으로 분석하고 검토하는 것을 말한다.

사업성 검토는 계획사업의 시장성과 경제적 효과를 분석하는 경제적 타당성 검토와 시설 규모와 생산기술, 입지, 건설 일정 등을 조사하는 기술적 타당성 검토 그리고 계획사업을 위한 자금조달, 수익성, 차입금 상환 능력 등을 분석하는 재무적 타당성 검토로 분류할 수 있다.

즉 경제적 타당성 검토와 기술적 타당성 검토를 기초로 재무적 타당성을 검토하여야 한다.

5. 투자 의사 결정 체계(framework)

태양광 발전시설에 투자하기 위해서는 프로젝트에 투입되는 초기투자비, 운영비, 투자비 회수기간 그리고 투자 위험요인과 위험관리방안 등을 고려하고 프로젝트의 내부수익률 등을 검토해서 자금투자를 할 것인지를 결정해야 한다.

프로젝트의 내부적인 수익률이 일정 기준 이상으로 확인되면 해당 프로젝트의 건설을 위한 자금조달 방안을 검토하여 요구수익률이 만족되면 태양광 발전시설을 위한 인허가 등의 절차를 검토해서 사업을 진행하면 된다.

태양광 발전사업을 위한 자금투자와 자금조달 의사를 결정하기 위해서는 다음의 표에서 언급한 사항을 토대로 프로젝트의 내부수익률과 자금조달 비용이 정교하게 검토되어야 한다.

투자비 전액을 자기자금으로 조달하는 경우는 자금조달의 부담이 적지만, 금융기관을 통한 대출이나 프로젝트 파이낸싱 혹은 지분투자방식 등으로 투자비를 조달하는 경우는 가중평균 조달비용(Weighted Average cost Capital: WACC)을 검토하는 것이 좋다.

가중평균 조달비용은 자본 요구수익률과 부채 요구수익률의 금액에 따른 가중평균을 말하며, 각 자금 원천별 자본비용의 가중평균으로 측정한다.

투자 의사 결정 체계

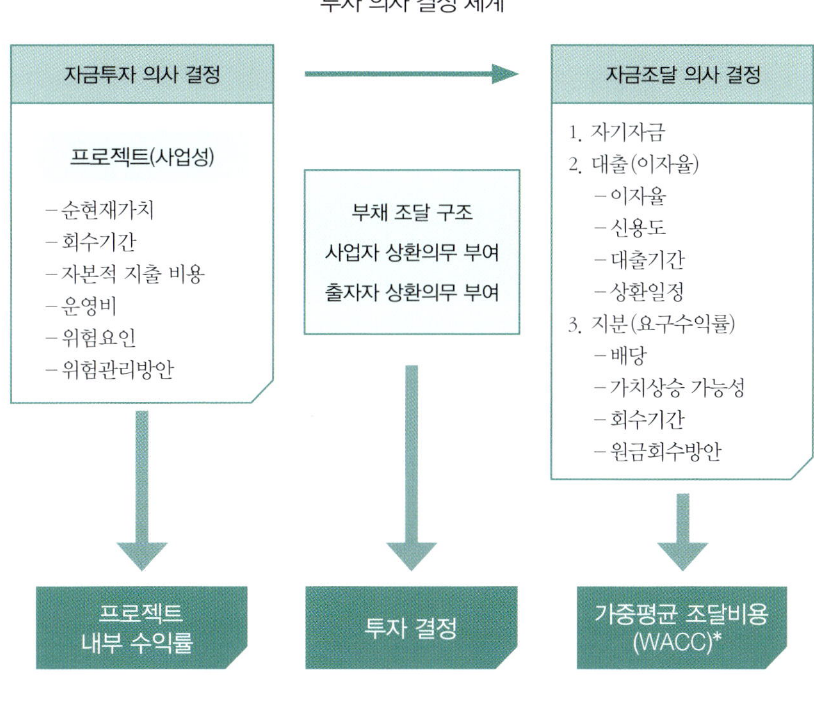

6. 태양광 발전사업 경제성 분석

RPS(Renewable Energy Portfolio Standard) 제도는 "신재생에너지 의무할당제"라고 하며, 일정 규모(500MW) 이상의 발전설비(신재생에너지 설비는 제외)를 보유한 발전사업자(공급의무자)에게 총 발전량의 일정 비율 이상을 신재생에너지를 이용하여 공급토록 의무화한 제도이다.

연도별 신재생에너지 의무 공급비율

해당 연도	'12년	'13년	'14년	'15년	'16년	'17년
비율(%)	2.0	2.5	3.0	3.0	3.5	4.0
해당 연도	**'18년**	**'19년**	**'20년**	**'21년**	**'22년**	**'23년 이후**
비율(%)	5.0	6.0	7.0	9.0	10.0	10.0

※ 공급의무자(총 23개사 / '21년 기준)

한국수력원자력, 남동발전, 중부발전, 서부발전, 남부발전, 동서발전, 지역난방공사, 수자원공사, SK E&S, GS EPS, GS 파워, 포스코에너지, 씨지앤율촌전력, 평택에너지서비스, 대륜발전, 에스파워, 포천파워, 동두천드림파워, 파주에너지서비스, GS동해전력, 포천민자발전. 신평택발전, 나래에너지서비스

의무공급자는 직접 신재생에너지 발전설비를 건설하여 자체 조달하거나 공급의무량을 채우지 못할 경우는 전력거래소 현물시장에서 태양광 발전사업자들에게서 공급인증서(REC)를 구매하거나 신재생에너지 발전사업자와 직접 계약을 통해서 공급 의무 비율을 충족해야 한다.

신재생에너지 공급인증서(REC, Renewable Energy Certificate)란?

발전사업자가 신재생에너지 설비를 이용하여 전기를 생산·공급하였음을 증명하는 증서를 말하며, 공급인증서의 발급 및 거래단위로서 공급인증서 발급대상 설비에서 공급된 MWh기준의 신·재생에너지 전력량에 대해 가중치를 곱하여 부여하는 단위를 말한다. 의무공급량 이행실적 확인 시에는 1REC를 1MWh로 본다.

태양광 발전사업의 수익 실현

현행 RPS 제도하에서 태양광 발전사업의 편익(수익-매출)은 한국전력공사 또는 한국전력거래소와 전력판매계약을 맺어 생산된 전력을 판매하여 얻는 ① 전력판매액(SMP: System Marginal Price-계통한계가격)과 에너지관리공단 신재생에너지센터에서 신재생에너지 발전량에 대해 ② 공급인증서(REC)를 발급받고 전력거래소를 통한 현물시장이나 에너지관리공단 신재생에너지센터에서 주관하여 연2회 열리는 장기고정가액 입찰에 참여해서 공급인증서(REC)를 판매하여 얻어지는 두 가지를 합한 금액(① + ②)이 총수익이 된다.

장기 고정가격 경쟁입찰제도는 한국에너지공단(KEA) 신재생에너지센터에서 주관하며 연 2회 3월과 9월경에 공고된다. 태양광 발전사업자는 이 기간에 맞춰 한국에너지공단 신재생에너지센터에 입찰 참여서를 접수하고 고정가격 경쟁입찰에 참여하여 선정을 의뢰하여야 한다.

입찰 결과 선정된 태양광 발전사업자는 선정된 의무공급자(발전사)와 선정 결과 발표 후 1개월 이내에 표준계약서에 따라 매매계약을 체결하면 20년간 선정된 가격(고정가격)으로 전력을 판매할 수 있게 된다.

태양광 발전사업은 20년 이상의 장기간에 걸쳐 수익이 실현 가능한 사업이므로 앞에서 언급한 두 가지 방법의 장·단점을 잘 파악하여 접근해야 안정적인 수익이 확보되는 점을 유념해야 한다.

전력거래소를 통해 현물로 판매하는 방법은 태양광 발전설비를 준공하여 발전된 전력을 판매하고 공급인증서(REC)는 별도로 판매하면 된다. 그러나 이 방법은 전력 판매 요금(SMP)과 공급인증서(REC)의 가격 등락으로 인한 수익 변동(증감)에 따라 상응하는 현금흐름 수익을 예측하기 어려운 단점이 있다.

즉 당초 사업성 검토 시점의 예상 수익 규모를 밑도는 경우에는 사업성이 나빠지는 리스크를 예방할 수 있는 방법이 없다. 물론 반대의 경우는 수익이 늘어나 고정가격으로 장기 계약을 체결하는 경우보다 사업성이 좋아질 수도 있다.

반면에 의무공급자와 고정가격 경쟁입찰제도를 통해서 장기 공급 계약을 체결하는 경우는 장래에 전력 판매 요금(SMP)이나 공급인증서(REC) 가격이 계약 기간인 20년간 등락이나 변동없이 SMP와 REC를 합산한 전력판매가액이 고정되므로 장기적으로 안정적인 현금 흐름을 확보할 수 있는 장점이 있다. 그러나 향후 인플레나 전력요금이 인상되는 경우를 대비한 보상체계가 마련되어 있지 않다는 문제가 남는다.

하지만 태양광 발전설비 투자비 중 일부를 금융기관 대출이나 프로젝트 파이낸싱을 통해 타인자본으로 조달하려는 경우에는 장기고정가액 계약의 경우는 현금유입이 장기간 고정되므로 유리한 조건으로 차입이 가능하기 때문에 최근에는 장기고정가액 계약을 선호하는 경우가 많다.

따라서 태양광 발전사업의 수익을 장기간에 걸쳐 안정적으로 관리하려면 전력거래시장에서 거래되는 가격 동향을 철저하게 분석하고 그 동향을 모니터링해서 사업의 수익을 높일 수 있는 방법을 선택하는 것이 중요하다.

태양광 발전사업(RPS)의 수익 창출 구조

ㅁ 생산된 전기를 한전/전력거래소에 판매하는 사업으로 "발전수익 = 전력 대금(SMP) + REC 대금"으로 구성

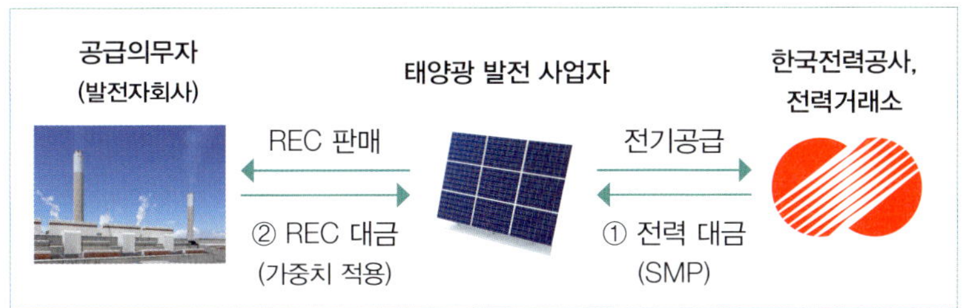

① SMP = 한국전력에서 전력을 구매하는 가격
(계통한계가격, System Marginal Price)

② REC = 신재생에너지 발전량에 따라 에너지공단이 발급하는 공급인증서
(Renewable Energy Certificate)

③ 가중치 = 신재생에너지 설치장소와 용량에 따른 REC 가중치 적용(0.7~1.5)

예) **연 매출액** 2.63억원 (REC 판매시)

= **연간 발전량** × [**① SMP** + **② REC** × **③ 가중치**]

연간 발전량	① SMP	② REC	③ 가중치
1,241MWh (1MW 용량, 3.4시간/일)	100원 (한전판매가)	75원 (판매가격)	1.5 (건축물 이용시)

태양광 발전사업의 비용 산출

비용의 산출은 초기투자비나 설계·감리비 등은 일반 건설 분야와 크게 다르지 않으므로 전문성이 있는 공사업체의 도움을 받으면 좋다.

태양광 발전설비는 일반적인 설비에 비해 장기간에 걸쳐 투자효과가 발생되는 특징이 있으므로, 유지·보수나 인버터 등의 교체에 필요한 비용이 발생되는 점을 사업성 검토 시점에 비용 항목에서 누락되지 않도록 해야 한다.

비용과 편익(수익) 항목이 모두 검토가 되었으면 경제수명이 끝나는 시기까지 각기 다른 시점에 발생하는 비용과 편익(수익)을 명목가치 그대로 비교하기 어렵기 때문에 미래의 시점에서 발생하는 비용과 편익의 흐름을 현재가치로 환산하는 작업을 하여야 한다.

이때 사용되는 것이 각 기간에 발생되는 비용과 편익(수익)의 흐름을 현재 시점의 가치로 환산하는데 사용되는 계수인 할인율이다. 할인율은 사업타당성이나 투자의사 결정에 절대적인 영향을 미치기 때문에 할인율의 설정은 매우 중요하다.

공공사업의 경우는 정부에서 적용하는 「예비타당성조사 일반지침」에 따르는 경우가 일반적이고 개인이나 기업의 경우는 대출이자율이나 금융수수료 등을 포함한 자금조달 비용(이자율)을 별도로 산정해서 적용한다.

태양광 발전설비를 투자하기 앞서 검토하는 투자 경제성 분석에 활용할 접근 방법을 다음의 표로 소개하였다.

〈경제성 분석을 위한 접근 방법〉

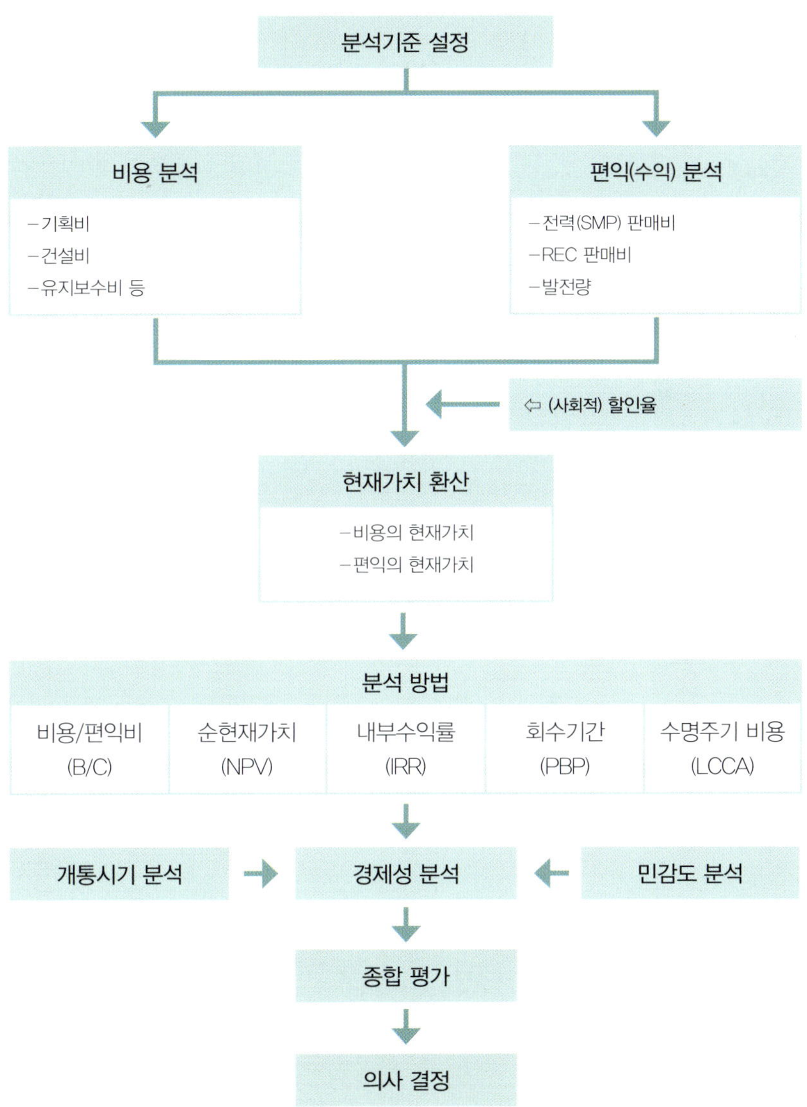

–경제성 분석 방법론(C/B ratio, NPV, IRR, 회수기간, LCCA)

경제성 분석을 위한 방법으로는 비용편익비율(cost–benefit ratio: CB R), 순현재가치(net present value: NPV), 내부수익률(internal rate of return: IRR)과 수명주기 비용분석(Life Cycle Cost Analysis: LCCA) 등의 방법이 사용된다.

위의 방법에 의한 분석들은 각각 장단점을 가지고 있으므로 한 가지 방법에 의존하지 않고, 모두를 고려한 의사결정이 사업타당성에 합리성을 부여할 수 있다.

(1) 비용편익(Cost–Benefit Analysis: CBA) 분석

비용편익비율이란 편익과 비용의 할인액의 비를 의미하며 미래에 생길 비용과 편익을 현재가치로 환산하여 편익의 현재가치를 비용의 현재가치로 나타내는 것을 말한다.

즉 투자로부터 기대되는 총편익의 현가를 총비용의 현가로 나눈 값을 말한다.

$$\text{순현가(NPV)} = \sum_{t=1}^{N} \frac{C_t}{(1+r)^t} - C_0 \quad \text{또는} \quad \sum_{t=0}^{N} \frac{C_t}{(1+r)^t}$$

t : 현금흐름의 기간
N : 투자의 전체기간
C_t : 시간 t에서의 순현금흐름
C_0 : 투자자본의 현재가치
r : 할인율

손익분기점의 파악이나 신기술이나 새로운 설비 도입에 따른 손익 발생 추

이 등을 조사하는데 사용된다.

투자자는 대안들 중 비용이 같으면 그중 편익이 큰 대안을 선택하거나, 반대로 편익이 같다면 그 비용이 가장 적게 드는 대안을 선택하면 된다.

일반적으로 비용편익비율이 1보다 크면(비용편익비≧1) 투자에 대한 경제적 타당성이 있다고 판단한다.

(2) 내부수익률(Internal Return of Ratio: IRR) 분석

신규 프로젝트 수행 시 투자로부터 기대되는 현금유입의 현재가치와 현금유출의 현재가치를 같게 하는 할인율을 이용하여 투자의사 결정을 하는 기법이다.

내부수익률(IRR)이란 투자안의 예상되는 현금흐름 유입액의 현재가치와 현금흐름 유출액의 현재가치를 동일하게 하는 할인율이다.

$$NPV = \Sigma Ct/(1+IRR)t - C0 = 0$$

즉 투자안의 순현재가치(NPV)=0이 되는 할인율을 의미하며 NPV와 함께 프로젝트의 경제성을 평가하는 대표적인 기법 중의 하나이다.

〈할인율〉

☆미래 시점의 금전에 대한 현재 시점의 금전의 비율

(예시) 이자율이 5%일 때 1년 후 1,000원의 현재가치 x는

x=1,000÷(1+0.005)=995원이며 할인율이 5%가 된다.

일반적으로 IRR>k(자본조달비용, 이자율, 요구수익률)이면 프로젝트의 타당성이 있다고 결정하는데 구체적인 결정 기준은 아래와 같다.

독립적 투자인 경우는 IRR>k이면 채택하고 상호 배타적인 투자안의 경우는 IRR>k이면서 IRR이 가장 큰 투자안을 채택한다.

여러 가지 투자안의 우선순위를 부여하는 경우는 IRR이 큰 순서대로 우선순위에 두고 채택한다.

IRR 분석을 하는 의미는 예상 현금흐름과 자본비용을 통해 투자안 자체에 내포된 수익률을 직관적으로 알 수 있기 때문이다.

IRR을 분석해서 요구수익률보다 해당 투자안의 내부수익률이 더 클 경우 경제성이 있다고 보는 것이기 때문에 투자의사 결정에 대한 객관적인 기준으로 사용할 수 있다.

(3) 순현재가치(Net Present Value: NPV) 분석

신규 프로젝트 수행 시 투자로부터 기대되는 미래 현금유입(cash inflow)의 현재가치와 현금유출(cash outflow)의 현재가치를 비교하여 투자안을 채택하거나 기각하는 의사결정 기법이다.

NPV(순현재가치)란 투자로부터 예상되는 미래의 현금유입액을 현재가치로 평가한 금액에서 예상되는 현금유출액을 현재가치로 평가한 금액을 뺀 값을 말하며 프로젝트의 경제성을 평가하는 대표적인 기법이다.

$$\begin{aligned} NPV &= \text{현금유입의 현가} - \text{현금유출의 현가} \\ &= C_1/(1+k) + C_2/(1+k)^2 + \cdots + C_n/(1+k)^n - C_0 \\ &= \Sigma C_t/(1+k)^t - C_0 \end{aligned}$$

일반적으로 NPV〉0이면 프로젝트의 타당성이 있다고 결정하는데 구체적인 결정기준은 아래와 같다.

단일 투자안인 경우는 NPV〉0이면 채택하고, 상호 배타적인 투자안의 경우는 NPV〉0이면서 NPV가 가장 큰 투자안을 채택하며 여러 가지 투자안의 우선순위를 부여하는 경우는 NPV〉가 큰 순서대로 우선순위에 두고 채택하면 된다.

NPV 분석을 하는 의미는 현금 흐름과 시간에 따른 돈의 가치를 고려하기 때문에 다른 평가 방법에 비해서 합리적인 방법으로 활용된다.

NPV 분석은 동일한 현금흐름이라도 할인율이 높을수록 NPV가 작아지는 특성을 활용하여 프로젝트의 리스크 정도에 따라 적절한 할인율을 넣어서 계산해 볼 수 있기 때문에 리스크와 수익의 상호 충돌관계(trade-off)를 비교할 수 있다.

(4) PPM(Payback Period Method): 투자(자본)회수 기간법

투자(자본)회수 기간법은 과거와 미래에 발생 가능한 모든 수입과 비용을 정해진 이자율로 계산할 때 총수입이 총비용을 넘어서게 되는 시점(순이익이 실현되는 시점)이 언제인가를 산출하여 경제적 가치를 판단하는 방법이다.

이자와 회수기간 이후의 수입이나 잔존가치를 고려하지 않는 등의 단점이 있으나 이 방법은 투자비의 회수기간이 가장 중요한 고려사항이 된다.

기업이 현금의 유동성과 안정성을 중시하는 경향을 고려하고 단순한 계산 방법 때문에 다른 경제성 분석 방법의 보완적 방법으로 많이 사용된다.

(5) 수명주기 비용(Life Cycle Cost Analysis: LCCA) 분석

수명주기 비용(LCCA) 분석은 시설이나 개체의 소유로 인한 수명주기(Life Cycle) 동안에 발생하는 총비용을 평가하는 방법을 말한다.

수명주기 분석(LCA)은 상용 제품이나 시설 운영 또는 서비스 수명주기의 모든 단계와 관련된 영향을 평가하는 방법이다.

LCA 수행을 위해 널리 인정되는 절차는 국제 표준화기구(ISO)의 14000시리즈 환경 관리 표준, 특히 ISO 14040 및 ISO 14044에 포함되어 있다.

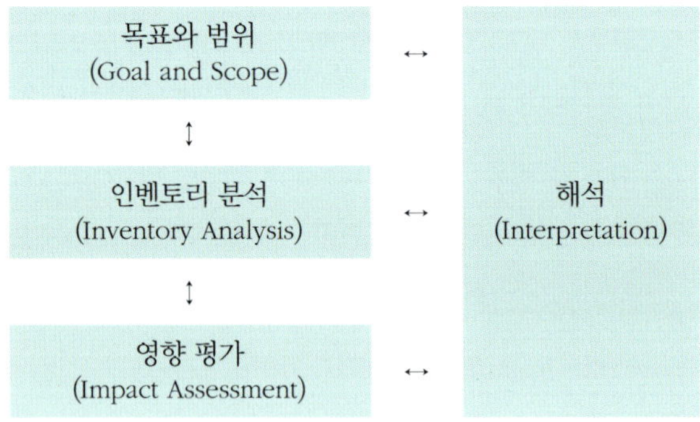

ISO 14040의 수명주기 평가의 4단계

태양광 발전시설의 경우는 전기를 생산하는 기간이 길고 사용기간도 20년 이상에 이를 정도로 긴 수명주기를 가지고 있기 때문에 물리적인 수명주기 동안에 유지관리비와 인버터 등 일부 부품의 교체와 수리비가 들어가는 특징이 있다.

또한 태양광 발전설비는 외관이나 기본 설계가 같다고 하여도 태양광 발전

설비가 설치되어 있는 위치가 다르기 때문에 모든 태양광 발전설비는 동일한 것이 없다고 할 수 있는 독특한 설비이다. 이에 비해 많은 공산품은 동일한 제품을 대량 생산하는 것이 일반적이다.

이처럼 태양광 발전설비는 수명주기가 길고, 설치장소나 주변환경 여건에 따라 유일성을 갖는 특징이 있기 때문에 초기비용도 중요하지만 수명주기 비용을 최적화하는 수명주기 비용 분석 기법을 활용하는 것이 매우 중요하다.

태양광 발전설비의 Life Cycle 분석 방법은 태양광 발전시설을 기획해서 건설하고 운영한 후 폐기까지에 이르는 전 과정을 포함한다.

태양광 발전설비의 수명주기비용(LCC)은 사업기획(Planning), 설계(Design), 시공(Construction), 유지·보수(Operation & Maintenance), 폐기처분(Demolition) 등의 단계까지 소요되는 전체 비용의 총합을 말한다.

수명주기비용을 계산하는 공식은 아래와 같다.

LCC = 초기비용 + 교체비용 + (유지·보수비용×경제 수명기간)
+ 금융비용 등 ± 철거(잔존가치)비

LCC기법을 활용하여 태양광 발전사업의 경제성을 분석하기 위한 전체 수명주기 동안에 발생되는 비용 항목은 아래와 같다.

항 목	내 용	비 고
초기비용	건설공사비, 인허가, 설계비, 감리비, 기획비, 토지 구입 또는 임대비	*경제수명: 20년 *모듈수명: 25년 보증
유지·보수비용	모듈청소비, 모니터링비 등	

항 목	내 용	비 고
교체비용	인버터 등	*인버터 수명: 5~7년
금융비용 등	보험료, 대출이자 등	
폐기비용	철거비, 잔존가치비	

경제적 타당성을 평가하는 분석기법으로는 편익/비용 비율(B/C), 내부수익률(IRR), 순현재가치(NPV) 등이 있는데, 일반적으로 이해가 용이하고 사업규모의 고려가 가능한 B/C 분석 기법을 많이 사용한다.

최근에는 공공투자사업이나 수명주기가 긴 태양광 발전설비의 경우는 수명주기비용(LCC) 분석기법을 활용하는 추세가 늘고 있다.

경제성 분석기법의 비교

분석기법	장 점	단 점
편익/비용 비율	• 이해 용이 • 사업규모 고려 가능 • 비용편익 발생기간의 고려	• 편익과 비용의 명확한 구분 곤란 • 상호배타적 대안 선택의 오류발생 가능 • 사회적 할인율의 파악
내부 수익률	• 사업의 수익성 측정 가능 • 타 대안과 비교가 용이 • 평가과정과 결과 이해가 용이	• 사업의 절대적 규모 고려치 않음 • 몇 개의 내부수익률이 동시에 도출될 가능성 있음
순현재 가치	• 대안 선택 시 명확한 기준 제시 • 장래발생편익의 현재가치 제시 • 한계 순현재가치 고려 • 타 분석에 이용가능	• 할인율의 파악이 어려움 • 이해의 어려움 • 대안 우선순위 결정 시 오류발생 가능

분석기법	장 점	단 점
수명주기 비용	• 예상 수명기간 동안의 전체 사업 비용을 고려 • 이해가 용이 • 시설의 유지관리, 개선 및 건설에 대한 재무 정보 제공	• 편익과 비용을 정교하게 산출하기가 다소 어려움 • 유지보수 및 수리비용 발생주기 예측이 다소 어려움

7. 태양광 발전시설 투자 재원조달 방법

태양광 발전시설을 설치하기 위한 투자재원을 조달하는 방법은 다양하다. 자기자본이 준비된 경우는 별 문제없지만 투자비가 부족한 경우는 금융기관이나 정책자금(신재생에너지 금융지원사업) 등을 활용하여 부족한 투자비를 조달할 수 있다.

정책자금을 활용하는 경우는 사업주의 신용이나 물적 담보가치가 확보된 경우라면 일반 금융기관에서 대출받는 것보다 이자율 등의 대출 조건이 좋다. 특히 낮은 대출이자율과 대출금 상환기간이 5년거치 10년 분할상환이므로 초기 5년간의 거치기간 동안은 원금상환없이 이자만 상환하면 되므로 대출원리금 상환으로 인한 부담이 작아 자금의 유동성관리에 매우 유리하다.

태양광 발전시설의 투자 규모가 큰 경우는, 자금조달의 기초를 프로젝트를 추진하려는 사업주의 신용이나 물적 담보의 가치에 두지 않고 동 프로젝트 자체의 경제성을 기초로 자금 투자(대출)를 실행하는 금융기법인 프로젝트 파이낸싱을 통해 조달할 수 있다.

태양광 발전사업을 위한 재원 조달 방안 및 요건

<table>
<tr><th colspan="2">재원 조달 방식별</th><th colspan="2">준비사항 및 요건</th><th>취급기관</th></tr>
<tr><td colspan="2">자기자본</td><td colspan="2">자기 자본 동원 능력 여부</td><td>–</td></tr>
<tr><td rowspan="2">대출</td><td>금융기관</td><td>대출 신청</td><td rowspan="2">사업주의 신용이나 물적 담보가치 확보</td><td>시중은행, 농협, 수협, 축협</td></tr>
<tr><td>정책자금</td><td>에너지관리공단 신재생에너지센터의 융자 추천(서)을 받아야 함</td><td>융자 추천서를 발급받아 금융기관에 대출 신청</td></tr>
<tr><td colspan="2">Project Financing</td><td colspan="2">프로젝트 자체의 경제성을 기초로 투자(대출) 실행</td><td>자산운영사, 투자사 등</td></tr>
</table>

(1) 태양광 발전시설 투자를 위한 정책자금 융자지원 제도

신에너지 및 재생에너지 개발·이용·보급 촉진법 제2조에 규정된 신·재생에너지 관련 시설물을 제조·생산 또는 설치하려는 개인, 중소, 중견기업은 한국에너지공단 신재생에너지센터 홈페이지(www.knrec.or.kr ▷ 전자민원 ▷ 금융지원 신청)에 접수하면 된다.

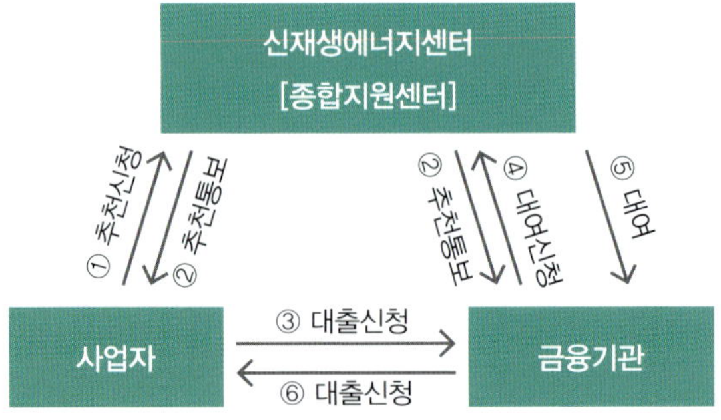

지원조건은 다음 표와 같이 자금 용도에 따라 대출기간이 다르며, 태양광 발전시설을 설치하는 경우는 300억 원 이내에서 기업규모에 따라 지원 비율이 다르니 유의하여야 한다.

신재생에너지 금융지원사업 융자지원 조건

자금용도	지원한도액	대출기간	이자율	지원비율
생산자금	300억 원 이내	5년거치 10년 분할상환	분기별 변동금리 (1.75%)	중소기업(개인 및 협동조합): 90% 이내 중견기업: 70% 이내
시설자금	300억 원 이내	5년거치 10년 분할상환		
운전자금	10억 원 이내	1년거치 2년 분할상환		

주1) 시설자금: 해당시설(중고설비 제외) 및 부대설비의 구입비, 설치 개수공사비, 보수비 설계감리비(기술도입비 포함) 및 시운전비 등에 한함(5,000kW초과 수력설비 제외)

주2) 생산자금: 신·재생에너지 전용 제품을 생산할 수 있는 시설에 한하며, 공용화 품목을 제외한 소모성 부품 및 부속(원재료, 베어링 등) 생산시설, 타 제품 생산설비로 전용하여 사용할 수 있는 시설은 제외함

주3) 운전자금: 신·재생에너지 관련 제품을 생산하는 중소기업을 대상으로 전년도에 관련 제품의 매출실적이 있는 경우에 한하여 지원하며, 관련 제품의 전년도 연간매출액의 50% 이내의 금액 범위 내에서 소요자금을 지원

정책자금 융자지원 대상은 농촌태양광, 산업단지태양광, 도심형태양광으로 구분한다. 농촌형 태양광이나 농업용 저수지 태양광 발전소를 설치하는 사업자가 공동(조합)인 경우는 조합원의 70% 이상이 농·축산·어업인이어야 하고 거주지로부터 직선거리로 5km 이내에 설치해야 하는 등의 조건을 만족해야 융자지원이 가능하다.

특이한 점은 산업단지, 공장 그리고 도심 건축물에 태양광 발전시설을

설치하는 경우에는 개인, 조합, 기업 등의 발전사업자가 건물 등을 임차하여 설치하는 경우도 융자지원이 가능하다.

유의할 점은 계통연계가 불가능한 태양광 발전소는 지원대상에서 제외될 수 있으므로 발전소 예정지의 계통연계가 가능한지를 사전에 반드시 확인하여야 한다.

구 분		지원대상
농촌태양광	농촌형 태양광	농·축산·어업인이 단독 또는 공동(조합)을 이루어 설치하는 사업
	영농형 태양광	농업인 본인 소유의 농지에 태양광발전과 경작을 병행하는 사업
	농업용저수지 태양광	지자체 또는 공공기관이 소유한 농업용 저수지 인근에 거주하는 지역주민이 공동(조합)으로 해당 저수지 수면에 태양광 발전소를 설치하는 사업
산업단지태양광	산업단지	산업단지 내 건축물 또는 부지에 단독 또는 공동(조합)으로 설치하는 신재생에너지 설비
	공장	산업단지 외 부지에 설립된 공장 건축물 또는 부지에 설치하는 신재생에너지 설비
도심형태양광	건축물태양광	건축물 및 부속시설물에 설치한 태양광 발전시설로 건축물대장에 등재된 주차장과 기타 지상의 부속시설물을 포함

(2) 프로젝트 파이낸싱(PF)

프로젝트 파이낸싱(Project Financing)은 프로젝트를 추진하는 사업주나 기업의 신용이나 물적 담보를 기초로 하지 않고 프로젝트 자체의 경제성을 기초로 투자(대출)를 실행하는 금융기법이다.

태양광 발전시설은 전력판매와 공급인증서(REC) 판매로 발생할 미래의 현금흐름(Cash Flow)만을 대출원리금 상환 재원으로 보고 태양광 발전시설을 담보로 하여 사업주에 의해 별도로 설립된 태양광 발전회사(특수목적법인-SPC: Special Purpose Company)에 자금을 공급하는 금융방식이다.

프로젝트 파이낸싱은 대규모 사업 추진 시 사업주의 전체 자산을 담보로 취득하지 않는 등의 장점이 있으나 일반 기업금융 대출에 비해 금융 취급수수료 등이 높은 단점이 있다.

프로젝트 파이낸싱 방식의 태양광 발전사업 구조도

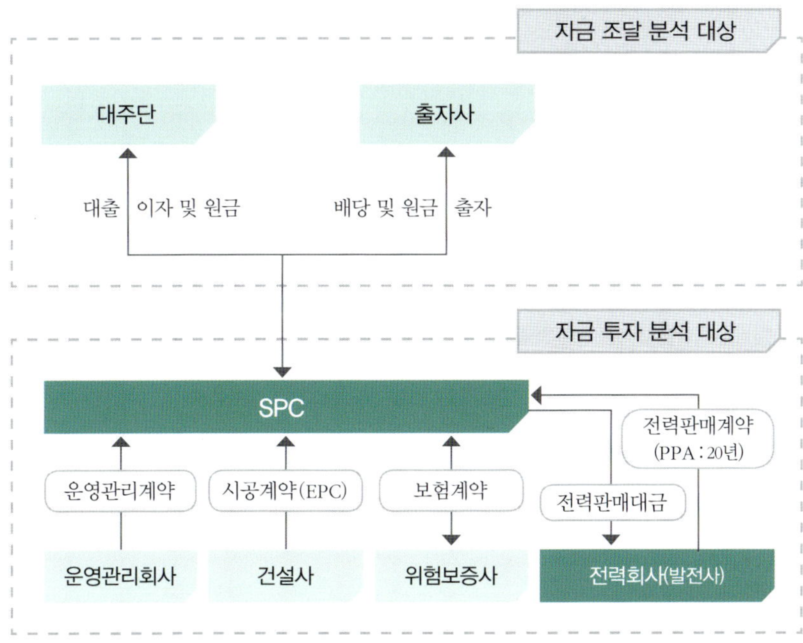

8. 태양광 발전 시스템의 수익 향상 방법

태양광 발전 시스템 건설 시 고려해야 할 손실 요인을 사전에 검토해서 태양광 발전시설이 완공된 후에 운영과정에서의 발전량이 극대화되도록 시스템을 설계하여야 한다.

즉 태양광 발전 시스템의 손실 요인을 사전에 제거시켜서 발전량이 최대화되도록 하여 전력 판매로 인한 수익이 극대화되도록 하여야 한다.

태양광 발전 시스템의 수익에 영향을 미치는 요인은 외부의 설치 환경요인과 시스템 내부의 요인으로 나누어 볼 수 있다.

외부환경요인은 태양광 발전시설 설치장소의 모듈설치 경사각과 방위각 그리고 건물이나 수목으로 인한 음영발생과 미세먼지, 꽃가루 등으로 인한 오염량에 따라 발전량이 차이가 난다.

내부환경요인은 모듈의 효율, 모듈의 온도계수와 외기온도에 따른 감소율, 모듈 직류라인의 특성상 낮은 전류값을 따라가는 직류라인에서 발생되는 미스매칭 손실, 교류(인버터)라인에서 발생되는 손실, 그리고 전압강하로 인한 손실 등이 최소화되도록 설계하여 전력손실을 줄여야 한다.

다양한 요인에 의한 발전량 손실

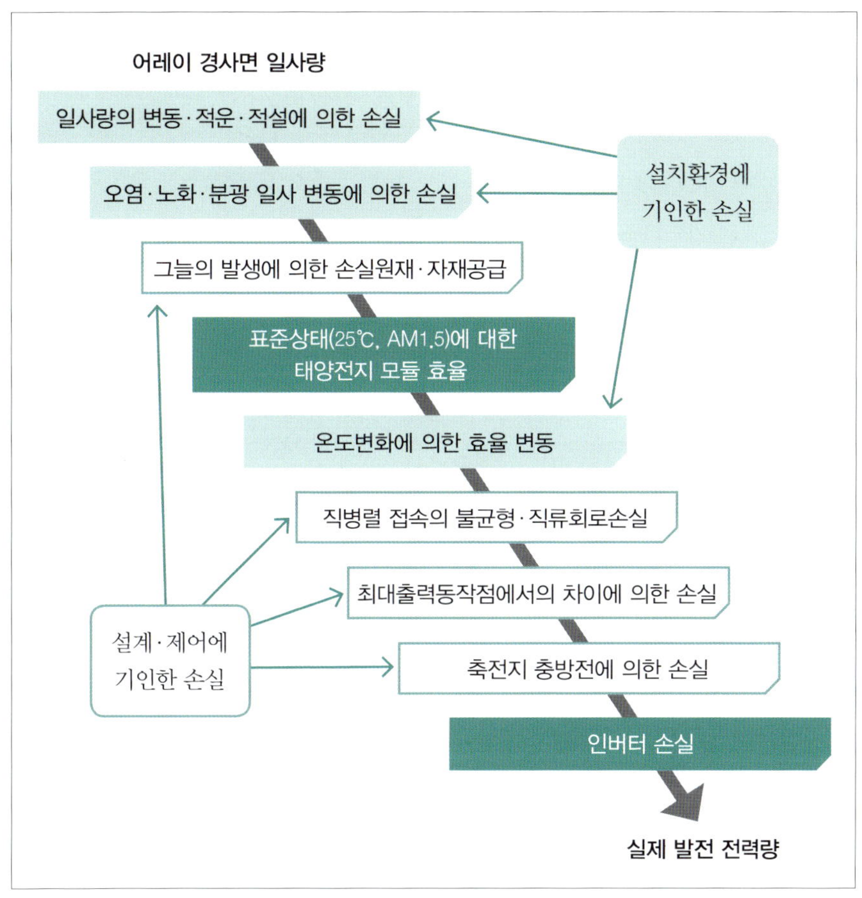

*출처: 에너지기술평가원 '태양광 이론 및 특성'

가. 최적설계와 발전 손실방지 등을 통한 수익 향상

태양광 발전 시스템을 설치하려면 사전에 여러 가지 손실요인을 검토하여야 한다. 태양광 발전 시스템은 다른 산업설비들과는 달리 태양빛을 최대한 받아들일 수 있도록 옥외나 야지에 설치되어야 하기 때문에 시스템이 설치되는 주변 환경이 발전량에 미치는 영향이 매우 크다. 따라서 설치되는 장소의 태양의 이동경로를 감안해서 태양광 패널의 방위각과 경사도 등을 고려하는 한편, 숲이나 나무 그리고 건물 등으로 인해 생기는 음영(그늘)과 산업활동으로 인해 발생되는 먼지(dust)나 식물의 꽃가루 등의 발생여부를 고려해야 한다.

둘째는 태양빛을 전기로 전환시키는 장치인 태양광 패널을 선정할 때는 발전효율이 높고 내구성이 좋은 제품을 선택하는 게 좋다.

셋째로는 발생된 직류전기를 모아서 인버터(태양빛을 변환시켜 발생된 직류전기를 교류전기로 변환시키는 장치)로 보내는 과정에서 발생되는 저항, 열 등으로 인한 손실을 최소화시키기 위한 패널의 배열과 조합을 최적화시키기 위한 설계가 구현되어야 한다.

마지막으로 발생된 전기를 계통에 맞는 조건으로 맞춰 보내주는 과정에서 변압기 등의 손실도 감안해야 비로소 발전량을 최대화하고 손실을 최소화시켜 시스템의 수익을 높일 수 있다.

다음의 표는 필자가 실제로 검토한 사례를 중심으로 요인별 손실요인들을 예시로 제시했으니 사업경제성 검토 시 참고로 활용하면 좋겠다.

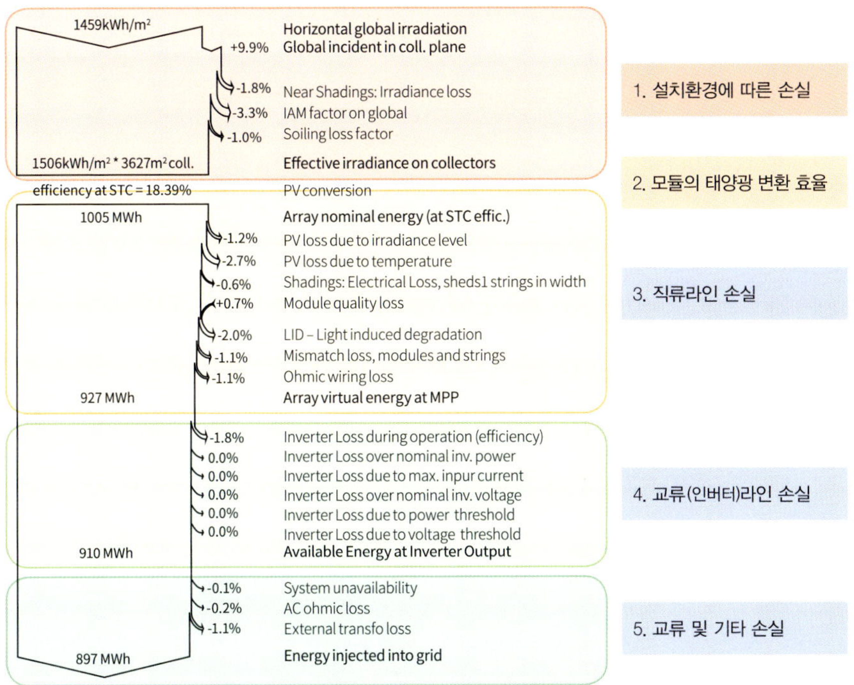

(1) 설치환경에 따른 손실

1) 설치환경에 따른 변화율

– 모듈 설치 각도, 방위에 따라 증가

2) 음영 손실

– 모듈 간 이격거리 또는 주변 음영률에 따라 감소

3) 태양과 모듈의 입사각에 따른 손실

– Incidence Angle Modifier(IAM)

4) 먼지, 눈 등 모듈발전을 저해하는 손실

– 주거지역 1%, 중공업지역 2%

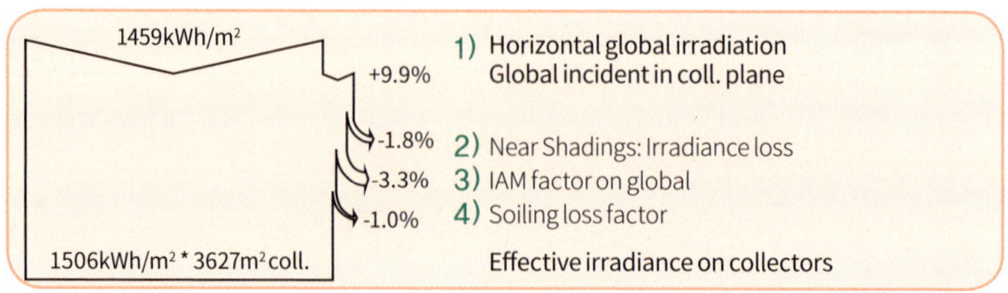

(2) 직류라인 손실

1) 일사량 저하로 인한 모듈에서의 손실

2) 모듈의 온도계수와 외기온도로 인한 손실

3) 모듈의 직렬특성에 따른 음영으로 인한 손실

4) 모듈의 품질(Tolerance)에 따른 손실

5) 초기 광열화(LID: Llight Induced Degradation) 현상으로 인한 결정질 모듈의 특성에 따른 손실(1~3% 정도)

6) 모듈 구성 시 낮은 전류값을 따라가는 특성(miss-matching) 손실

7) 직류라인의 전압강하로 인한 손실

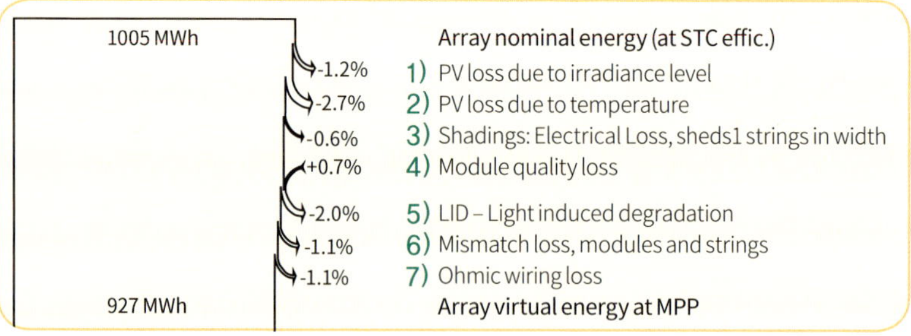

(3) 교류(인버터)라인 손실

1) 인버터 효율에 따른 손실

2) 인버터 정격발전량 초과 시 손실

3) 인버터 최대입력 전류 시 발생되는 손실

4) 인버터 정격전압 초과 시 발생되는 손실

5) 인버터 구동을 위한 최소 발전량 미달로 인한 손실

6) 인버터 구동에 필요한 최소 전압 미달로 인한 손실

	-1.8%	1) Inverter Loss during operation (efficiency)
	0.0%	2) Inverter Loss over nominal inv. power
	0.0%	3) Inverter Loss due to max. inpur current
	0.0%	4) Inverter Loss over nominal inv. voltage
	0.0%	5) Inverter Loss due to power threshold
	0.0%	6) Inverter Loss due to voltage threshold
910 MWh		Available Energy at Inverter Output

(4) 교류 및 기타 손실

1) 유지보수 및 정전 등으로 인한 손실

2) 직류라인의 전압강하에 따른 손실

3) 변압기 효율에 따른 손실

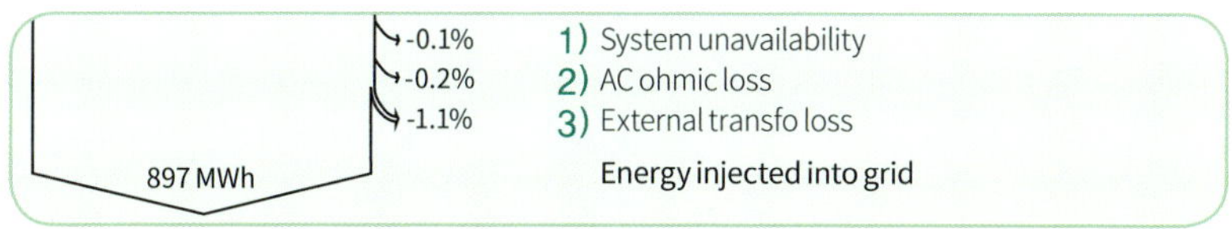

나. RPS제도의 가중치 적용 조건을 활용한 수익 향상

설치유형별 공급인증서(REC) 가중치는 다음 표와 같이 적용하며 복수의 설

치유형이 혼재되어 설치된 경우 유형별 가중치를 각각 적용한다.

설치 유형 및 용량별 공급인증서 가중치 적용 기준

대분류	소분류		종전	개정 후	비고
태양광	일반부지	소규모(100kW 미만)	1.2	1.2	
		중규모(100kW~3MW)	1.0	1.0	
		대규모(3MW 초과)	0.7	0.8	
	건축물 등 기존시설물 활용	소규모(100kW 미만)	1.5	1.5	
		중규모(100kW~3MW)			
		대규모(3MW 초과)	1.0	1.0	
	수상태양광	소규모(100kW 미만)	1.5	1.6	
		중규모(100kW~3MW)		1.4	유예기간 설정
		대규모(3MW 초과)		1.2	유예기간 설정
	임야		0.7	0.5	유예기간 설정
	자가용		1.0	1.0	

예를 들면, 100kW의 태양광 설비를 일반부지에 설치하는 경우는 기본적으로 공급인증서(REC) 가중치는 1.0을 적용하고, 건축물 등 기존시설물을 이용하여 설치 용량이 3,000kW 이하인 경우는 공급인증서의 가중치는 1.5를 적용하며, 유지의 수면에 설치하는 수상태양광 발전시설은 가중치 1.4의 공급인증서를 적용하나, '22년에는 규모에 따라 가중치가 달라질 수 있다.

그러므로 태양광 발전 프로젝트의 수익을 높이기 위해서는 사업경제성 검토단계에서 설치 장소와 관련된 토지의 지목이나 발전시설의 용량규모 등을 면밀히 검토하는 것이 중요하다.

일반적으로 토지에 태양광 발전설비를 설치하는 경우는 환경영향평가 등의 인허가 절차를 거치는 등의 이유로 인해 사업추진에 긴 시간이 걸리고 가중치도 크지 않다.

반면에 건축물의 지붕 등을 이용하면 일반부지에 태양광 발전시설을 설치하는 경우보다 인허가 조건이 단순하기 때문에 사업 기간이 짧고 공급인증서의 가중치가 높게 적용되어 사업의 수익성이 좋아진다.

다. ESS(Energy Storage System)와 태양광 발전을 연계하여 수익 향상

ESS설비는 태양광 발전설비(공급인증서 발급대상 설비)로부터 전력을 공급받아 저장하고 계통으로 전력을 공급하는 전력저장 설비로서, 축전지, 전력변환장치(PCS), 운영시스템(PMS), 계통연계 설비 등으로 구성된 설비를 말한다.

ESS설비를 태양광발전설비와 병행해서 설치하면 전력 품질 안정화와 비상전력 공급, 단기 정전 방지 등의 효과로 인한 수익 향상 효과를 얻을 수 있다.

[알아보기] ESS의 기능과 필요성

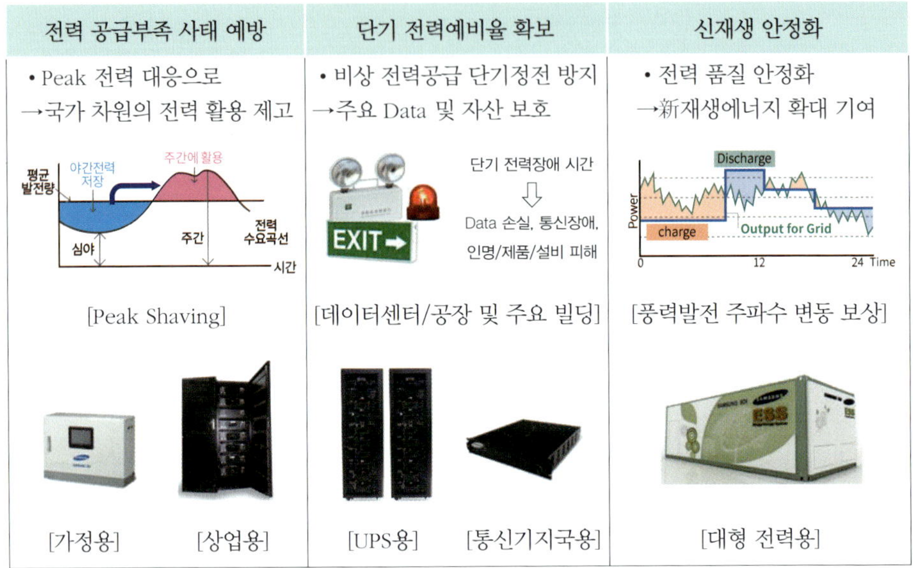

9. 태양광 발전시설 투자에 대한 세액공제 제도 활용

신재생에너지를 이용하여 전기를 생산하는 태양광 발전시설을 투자하면 조세특례제한법 제25조의 2 "에너지절약시설 투자에 대한 세액공제" 규정에 따라 투자금액의 일정비율을 소득세나 법인세에서 공제받을 수 있다.

세액공제 비율은 태양광 발전시설에 2021년 12월 31일까지 투자하는 경우에는 그 투자금액의 100분의 1(대통령령으로 정하는 중견기업의 경우 100분의 3, 중소기업의 경우 100분의 7)에 상당하는 금액을 소득세(사업소득에 대한 소득세만

해당) 또는 법인세에서 공제받을 수 있다.

대상시설은 조세특례제한법 시행규칙 제13조의 별표 8의 3에 정해져 있으며 조세감면을 받기 위해서는 관할세무서에 직접 신고하면 된다.

「신에너지 및 재생 에너지 개발·이용·보급 촉진법」 제2조에 따른 신에너지 및 재생에너지를 이용하여 연료·열 또는 전기를 생산하는 시설	〈세액 공제율〉 －중소기업: 100분의 7 －중견기업: 100분의 3 －그 밖의 기업: 100분의 1

10. 안전 및 유지관리를 통한 운영 비용 절감

태양광 발전소는 자연에서 얻는 태양열을 이용하기 때문에 기력발전소에 비해 유지보수비용이 대단히 적게 들어간다. 하지만 폭설이나 태풍 등의 자연재해나 화재 등으로 인한 가동중단 사태와 돌발적으로 발생될 비상안전 대응체계는 다른 산업설비와 같이 잘 구축해 놓고 반복적인 연습을 통해 관련 조직이 유기적으로 대처해야 한다. 아래에 여러 곳의 태양광 발전소를 운영하고 있는 대규모 조직의 사례를 소개하였으니 참고로 활용하길 권한다.

가. 비상대응체계

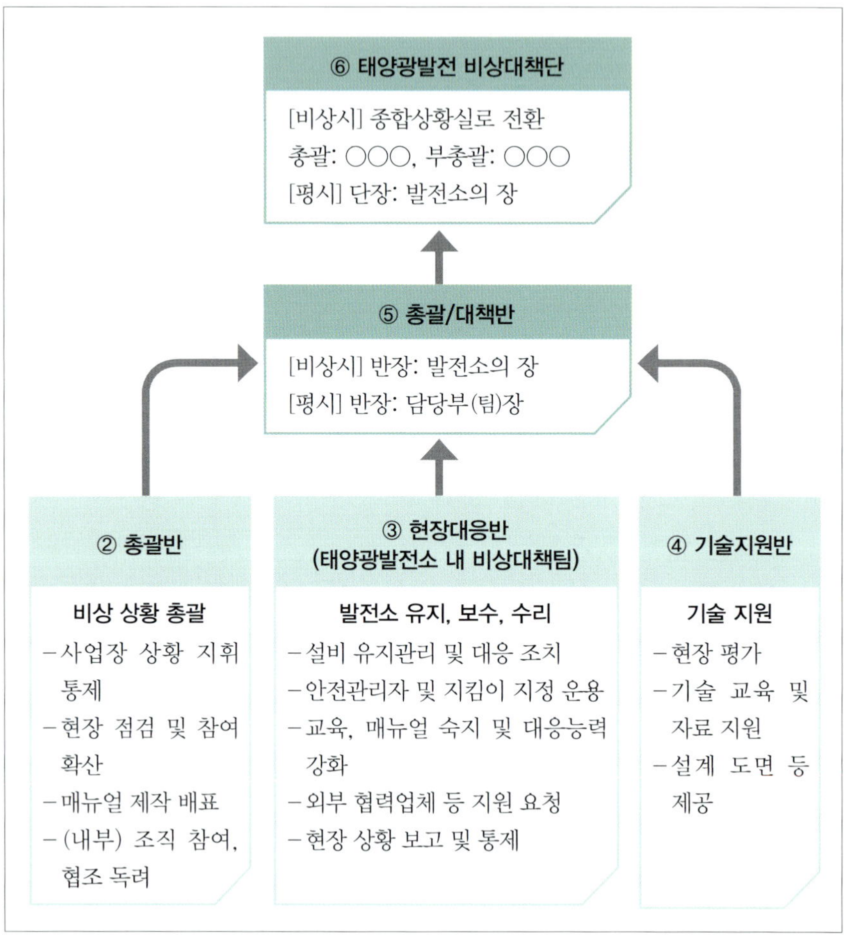

나. 상황별 비상체계 조직 구성

① 최초 발견자: 근무자, 순찰자, 당직자, 담당자, 그 외에 근무 인원

② 총괄반: 총무팀, 안전환경팀, 에너지팀 담당자 외 팀장

③ 현장대응반: 각 현장별 태양광 발전 담당 정·부 인원 외 담당 팀장

④ 기술지원반: ENG팀 담당 정·인원 외 팀장 정·부 인원 외 팀장

⑤ 총괄/대책반: 각 사업소의 장, 총괄반 각 담당 임원

⑥ 종합상황실(태양광발전 비상대책단): 총괄/대책반 담당 임원, 기술지원반 임원

⑦ 관공서: 현장별 주변 경찰서, 소방서, 병원 등 긴급히 보고나 협조가 필요한 관공서

다. 위기 단계별 대응 시나리오

심각 (긴급조치)	경계 (점검강화)	주의 (비상대응준비)	관심 (일상점검)	평시 (정상발전)

• 평시단계(정상발전)

① 일상점검 진행 (주간) 모니터링 및 사업장 내 관리 개선방안 발굴 건의

② 현장 당직자 및 담당자 점검 진행

• 관심단계(일상점검)

① 예방점검 진행(주, 월, 3개월(분기), 6개월(반기), 1년(연차)) 사업장 내 관리 개선방안 발굴 건의

② 담당자 및 관련 업체 점검 진행

• 주의단계(비상대응준비)

① 평시단계, 관심단계에 주의를 요하는 문제점 발생 시 대내·외 협조 요

청 및 비상연락망 점검

② 자연재해 발생 위험에 대비 체크리스트 확인 및 미비된 조치사항 업무 진행

③ 부서장급 상시 보고 체계구축. "경계" 경보 발령 시 20분 내로 전사 사업장 담당자에게 SNS 통보

④ 단전, 화재발생 시 "주의단계" 제외한 비상 체제로 긴급 조치. "선" 조치, "후" 보고 진행

• 경계단계(점검강화)

① 단전 또는 자연재해로 인한 위기상황 발생 시 종합상황실 구성 및 조치사항 전파, 설치사업장의 장을 총괄로 하여 필요 시 위기대응 종합이행 상황실 상근체제 구성·운영

② 단전 발생 시 유지관리업체 및 시공업체에 대한 협조요청. 기술지원 요청(선조치 진행)

③ 사업장별로 구축된 비상연락 체계에 따라 유선으로 긴급 전파

④ 화재발생 시 "주의단계, 경계단계" 제외한 비상 체제로 긴급 조치. "선" 조치, "후" 보고 진행

• 심각단계(긴급조치)

① 단전 발생

– 유지관리업체 및 시공업체와 긴급 조치 진행("선" 조치, "후" 보고 진행)

– 발생원인 및 추후 발생유무 확인(원인제거 업무 진행)

② 화재 발생

– 응급비상연락망을 통한 주변 관공서 지원 요청("선" 조치, "후" 보고 진행)

– 응급 상황 전파 및 현장 상황파악 진행(발생범위, 피해상황, 조치사항 등)

③ 자연재해 발생

– 정부나 방송사 등의 재난방송 "속보"에 대응

– 심각한 피해로 인하여 발전소 내부 시설 고장 발생 시, 주요자재 가동 중단(긴급 보수 조치 진행)

라. 위기 상황별 비상대응 프로세스

자연재해란 홍수, 지진, 태풍 등 재해로 작동이 불능한 상태를 말한다.

① 자연재해 대비 태양광 장비 사전 점검 실시(파손, 손상유무, 작동유무 등)

② 태양광 장비 주변 위험물 제거 및 손상부위 복구 작업 등 정리 작업 진행

③ 상황 대처를 위한 대내·외 협조 요청 및 비상연락망 점검

④ 현장 비상대책단 종합상황실 개설. 실시간 현장 상황 점검 보고

⑤ 협력업체 전파 현장 지원 요청(재해발생 후)

⑥ 피해상황 및 원인 규명. 조치사항 진행(재해발생 후)

위기 상황별 비상대응 체계 및 대응 절차도

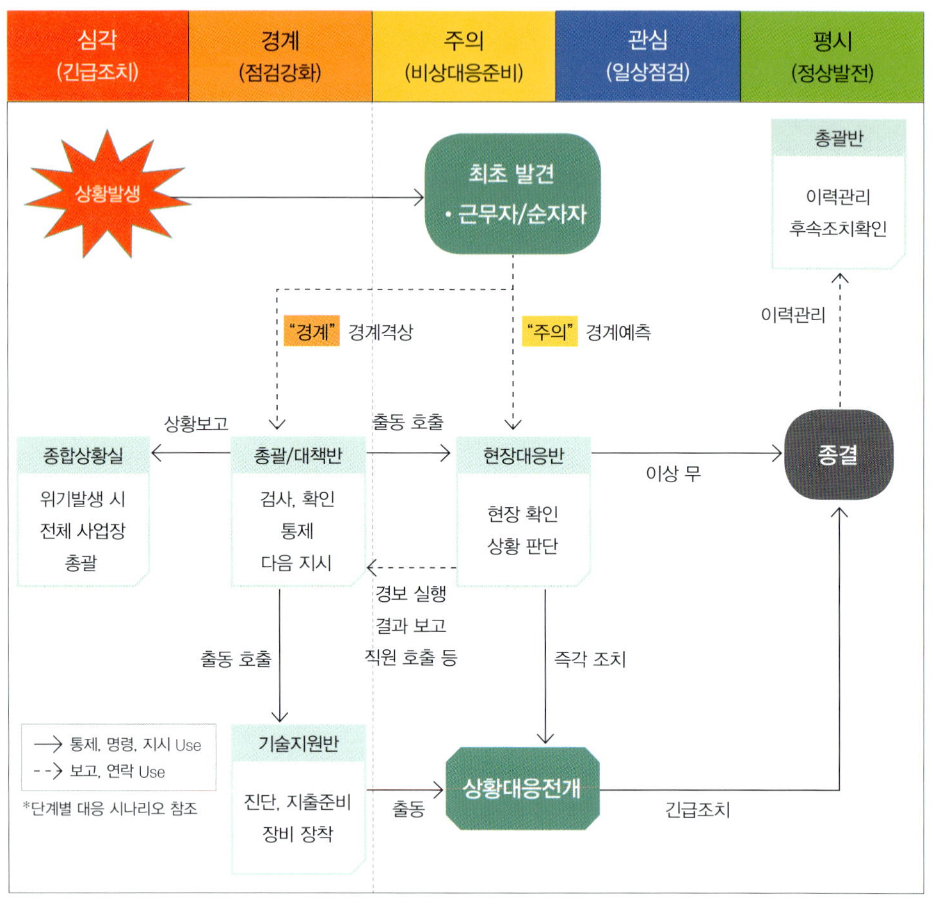

제 7 장

태양광 사업의 미래

1. 비즈니스의 흐름
2. 제로에너지빌딩과 태양광 발전
3. 건물형 태양광
4. 에너지 IT 플랫폼

1. 비즈니스의 흐름

(1) 현실적 대안으로서의 태양광 에너지

우리나라는 전력 수요와 공급의 지역적 불균형이 심한 나라이다. 전력 수요처는 수도권, 주요 광역시 등에 집중되어 있는 반면, 공급처인 발전소는 해안 지역 등에 위치해 있어 대규모 송배전 시설이 국토를 관통하고 있다.

또한 우리나라 송전망은 어느 한쪽이 고장나더라도 정전이 일어나지 않도록 2회선 환상망으로 촘촘하게 구성되어 있다.

[국내 화력, 원자력 발전소 현황]

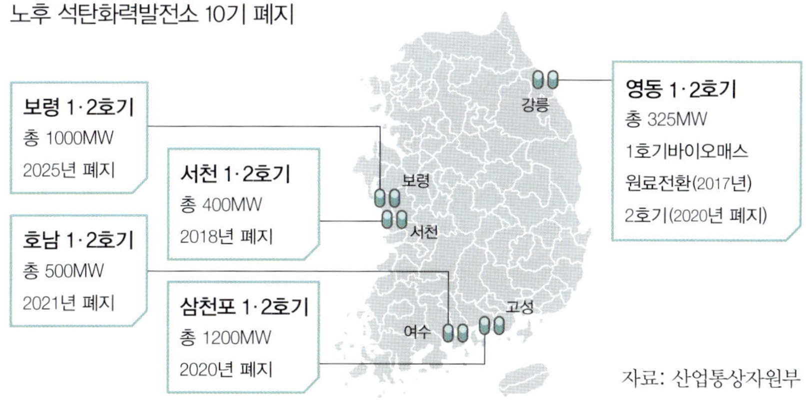

자료: 산업통상자원부

2029년까지 설계수명이 다하는 원자력 발전소

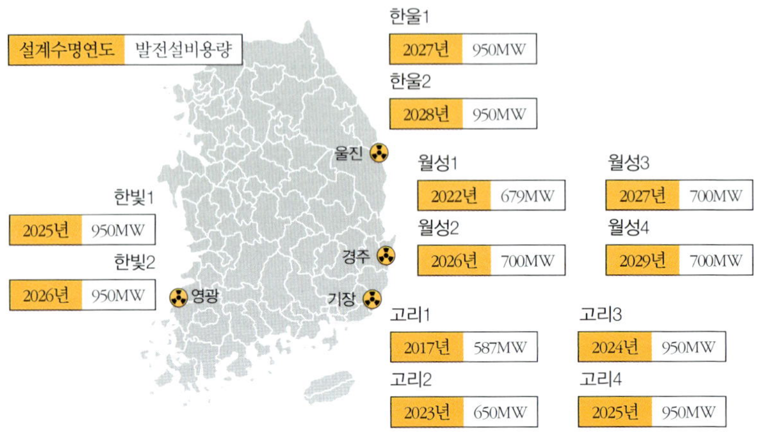

*출처: 2029년 발전용량 12% 폐쇄, 신재생에너지 확충 시급(국제신문 2017)

문제는 도시에 인구집중 현상이 더욱 심해지고 있는데, 추가적인 송배전망 확보가 어렵다는 점이다. 2005년에 불거진 신고리 원전 3호기와 관련된 밀양의 송전탑 증설관련 갈등은 주요한 사례라고 할 수 있다. 또한 재생에너지 보급이 확대되는 가운데 송전망뿐만 아니라 배전망에 대한 건설 요구가 증대되고 있는데 발생된 전력을 전력의 주요 수요처인 수도권으로 보내는 것은 분산전원 본래의 취지에 부합하지 않는다고 생각된다.

국내 송배전망 현황

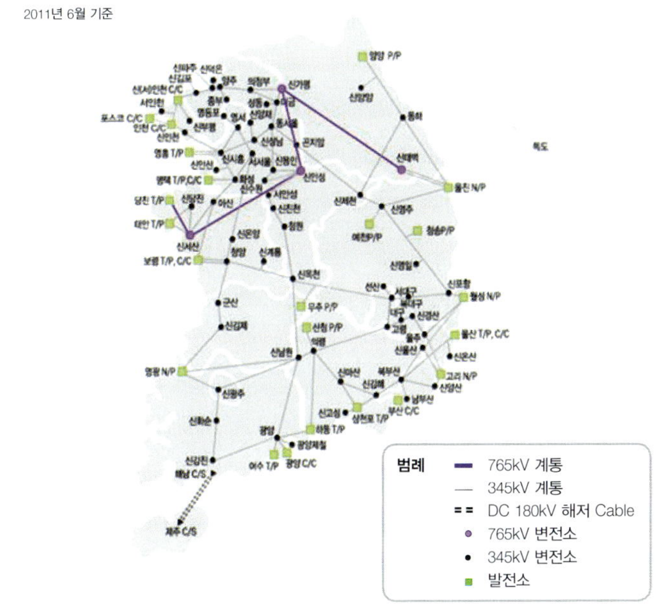

환경 관련 시민의식의 성숙으로 미세먼지 등 생활에 영향을 미치는 요소에 대한 관심이 높고, 향후 전기자동차 보급 등 전력 수요가 증가할 경우 분산전원에 대한 요구는 더욱 증가될 것으로 생각된다.

전력 계통의 확충이 불가능한 상황에서 현실적 대안은 수요처에서 직접 전력을 생산하여 소비하는 "지산지소(地産地消)"형 발전소가 있다. 수요처에서 직접 전력을 생산할 경우, 송배전 과정에서 발생하는 전력 손실을 줄일 수 있다.

유휴부지가 거의 없는 도심 지역에서 분산발전을 설치한다고 가정할 때, 가장 적합한 에너지원은 태양광, 태양열, 지열, 연료전지일 것이다.

2. 제로에너지빌딩과 태양광 발전

(1) 부문별 온실가스 배출 감축

우리나라는 국가차원에서 기후변화에 대응하기 위한 다양한 활동을 전개하고 있다. 목표는 2030년까지 BAU(Business As Usual) 대비 37%의 온실가스 감축이다. 산업, 건물, 수송, 폐기물, 공공 등 다양한 분야에서 온실가스 감축을 위한 활동을 전개할 수 있으나, 괄목할만한 부분은 건축 부분이다.

산업과 수송 부분은 기존에 효율화가 많이 진척되어 추가적인 감축 요소가 많지 않기 때문에 건물 부분의 BAU 대비 감축률 32.7%는 국가 목표를 달성하는 데 많은 기여를 할 것으로 생각된다.

[2030 국가 온실가스 감축 로드맵 수정안]

강화된 국내 분야별 온실가스 감축 계획

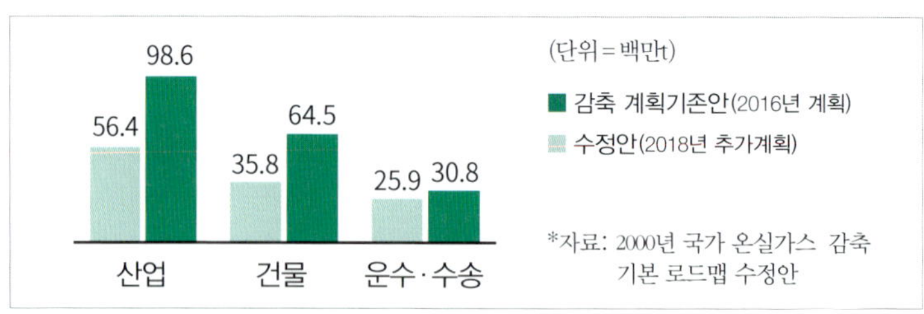

배출원별 온실가스 감축·저감 방법

산업	감축기술 우수사례 2030년까지 업계 전체로 확대
건물	신축 허가기준 강화, 도시재생·건축물 리모델링

수송	친환경차 보급 확대, 운송수단 연료 효율 개선
폐기물	재활용 강화, 매립 최소화와 가스 포집기술
기타	가축 분뇨 에너지화, 산림 온실가스 흡수 증진 등

부문		배출 전망 (BAU)	기존 로드맵		수정안(단위: 백만톤)	
			감축후 배출량 (감축량)	BAU 대비 감축률	감축후 배출량 (감축량)	BAU 대비 감축률
배출원 감축	산업	481.0	424.6	11.7%	382.4	20.5%
	건물	197.2	161.4	18.1%	132.7	32.7%
	수송	105.2	79.3	24.6%	74.4	29.3%
	폐기물	15.5	11.9	23.0%	11.0	28.9%
	공공(기타)	21.0	17.4	17.3%	15.7	25.3%
	농축산	20.7	19.7	4.8%	19.0	7.9%
	탈루* 등	10.3	10.3	0.0%	7.2	30.5%
감축수단활용	전환	(333.2)[1]	−64.5	–	(확정 감축량) −23.7 (추가감축잠재량) −34.1[2]	–
	E신산업/CCUS	–	−28.2	–	−10.3	–
	산림흡수원	–	–	–	−38.3	4.5%
	국외감축 등	–	−95.9	11.3%		
기존 국내감축			631.9	25.7%		32.5%
합계		850.8	536.0	37.0%	536.0	37.0%

*탈루: 굴뚝을 통한 배출을 의미하며, 기존에는 감축목표가 없었으나 새롭게 목표 설정

*출처: 2030년 국가 온실가스 감축목표 달성을 위한 기본 로드맵 수정안(국토부), "온실가스 75% 줄여라(매일경제)

(2) 건축 부문의 온실가스 감축 방법

건축 부문은 효율적으로 온실가스 감축을 하기 위해 제로에너지 건물의 개

념을 도입했다.

"제로에너지건축"은 최소한의 냉난방으로 적절한 실내온도를 유지할 수 있게 설계된 주택을 말한다. 이를 구현하기 위해 기밀성과 단열성을 강화하고, 재생에너지를 활용하여 냉난방 비용을 절감하는 개념이다. 원칙적으로 이야기하면 소위 5대 부하(냉방, 난방, 급탕, 조명, 환기)에 들어가는 에너지를 Zero 상태로 구현하는 건축물을 제로에너지건축이라고 할 수 있다.

제로에너지건축의 개념

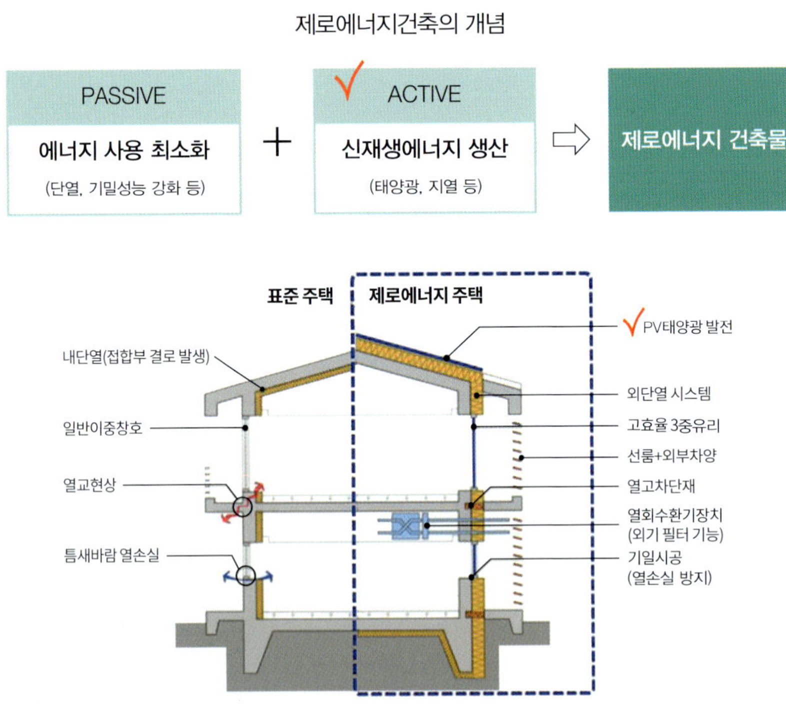

⇨ 재생에너지 생산은 에너지자립율* 확보의 핵심요소로 작용

*출처: 제로에너지건축 보급 확산 방안(국토교통부 외)

참고: 제로에너지건축 의무화 로드맵

• 연도별 적용 계획

'20년	'25년	'30년
공공건축물 (연면적 1천m² 이상)	공공(5백m² 이상) 민간(1천m² 이상) 공동주택(30세대 이상)	민간·공공건축물 (연면적 5백m² 이상)

☞ '20년 1천m² 이상 공공건축물을 시작으로 '30년까지 단계적 의무화

※ 대지 외(off-site) 신재생에너지 생산·인정제도 도입

off-site 개념	예시(부족자립률은 공용시설 태양광 설치로 보충)

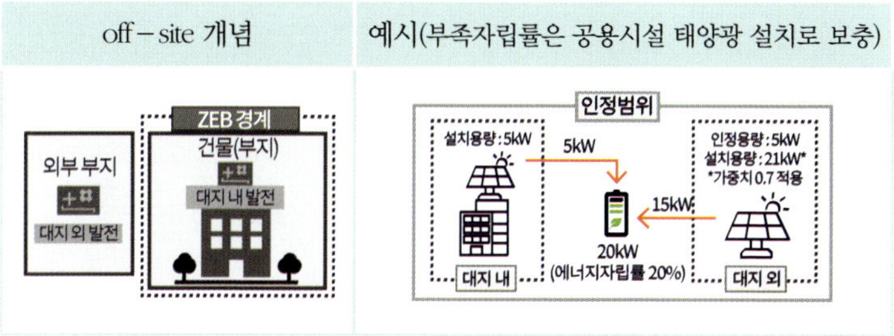

☞ 대지 내에서 물리적 한계 해소, 지구 단위 제로에너지 확대 기반 마련

※ 민간건축물의 자발적 제로에너지 건축 도입 유도(인센티브)

건축기준완화 (용적률·높이)	취득세	기반시설 기부채납	신재생에너지 설치보조금	공공임대· 분양대출한도확대
최대 15% 완화	15% 감면	최대 15% 경감	가점 부여	주택도시기금 20% 상향

*출처: 제로에너지건축 보급 확산 방안(국토교통부 외)

제로에너지건축에 관련된 기술은 크게 패시브 기술과 액티브 기술로 나뉘어진다. 패시브 기술은 외피 단열, 외부 창호 등 단열 성능을 극대화하기 위한 기술이며 고성능 창문, 창호, 외단열 등이 주로 사용되며 이를 통해 사용되는 에너지 부하를 최소화할 수 있다.

이렇게 최소화된 부하에 공급되는 에너지가 기존 외부 전력, 가스 등이었다면 제로에너지건축물은 액티브 기술을 활용하여 필요한 전기, 열을 공급해야 한다. 태양열, 태양광, 지열, 연료전지 등 다양한 재생에너지 기술이 액티브 기술로 활용될 수 있다.

제로에너지건축 요소기술

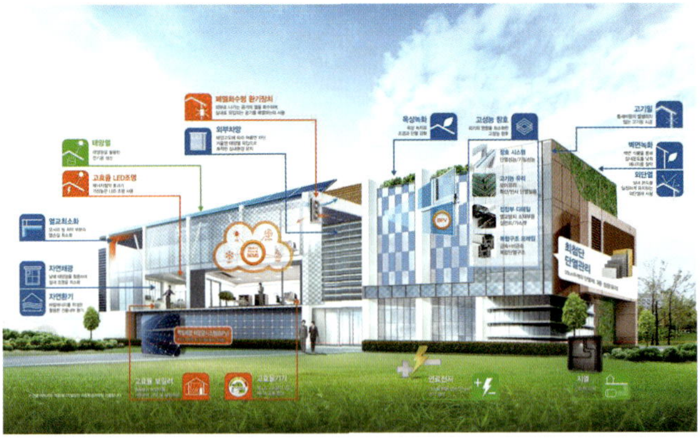

*출처: 제로에너지융합얼라이언스 성과사례집(2019)

제로에너지건축에 사용되는 액티브 기술은 주로 태양열, 태양광, 지열, 연료전지 등이다. 최근에는 태양광과 연료전지가 주로 적용되고 있는데 그 이유는 다음과 같다.

1) 태양열

집열판을 통해 가열된 물 등의 온도를 활용하여 건물 난방이나 온수로 사용하는 기술로 집열부, 축열부, 이용부, 제어부로 구성되는데 태양광과는 달리 열교환기가 필요하고, 집열된 열을 필요로 하는 기간이 동계에 집중되어 있어 생산된 열을 고르게 활용하지 못하는 단점이 있다. 상시 열이 필요한 요양병원, 목욕탕 등에는 유용하게 활용된다.

2) 태양광

태양전지에서 발생하는 전기를 이용하는 기술로 에너지원이 무한하고, 기계적 가동부가 없어서 유지보수가 용이하며, 수명이 30년 이상으로 길다는 장점이 있다. 지면에 설치하는 태양광 발전 외에 건물 외벽, 지붕 등에 직접 설치할 수 있다.

3) 지열

지열에너지는 토양, 지하수, 지표수 등이 태양복사열 또는 지구 내부의 마그마 열에 의해 보유하고 있는 에너지를 의미하는데 날씨, 계절 등 외부 환경의 영향을 크게 받지 않는 장점이 있다.

지하 100~150m 깊이의 땅속은 외부 온도와 상관없이 약 15℃ 정도로 일정한 온도를 유지하고 있으므로 여름에는 땅속이 지상보다 시원하고, 겨울에는 지상보다 땅속이 따뜻하다. 이러한 계절별 온도차를 이용하는 것이 지열에너지의 원리인데, 지중 열교환기를 설치하여 겨울에 땅속에 저장된 열을 건물로 전달하고, 여름에는 건물로부터 열을 빼앗아 땅속으로 열을 보내는 일을 수행한다. 포항지진 이슈 등으로 인해 최근에는 적용이 점차 줄어들고 있다.

4) 연료전지

수소와 산소의 화학반응을 통해 직접 전기에너지를 생산하는 기술이다. 전력 생산과정에서 오염물질을 배출하지 않고, 날씨와 환경에 상관없이 전기를 생산할 수 있고, 설치 장소에 제한이 없는 특징이 있다. 또한 전기를 생산하면서 발생한 열은 온수 및 난방으로 이용 가능하다. 그러나 수소의 직접적인 활용이 어렵기 때문에 현재 천연가스를 개질하여 수소를 추출하고 있기 때문에 현 수준에서는 진정한 의미에서 재생에너지 발전원으로 보기는 어렵다.

참고: 건물에너지 사용량과 태양광 발전소

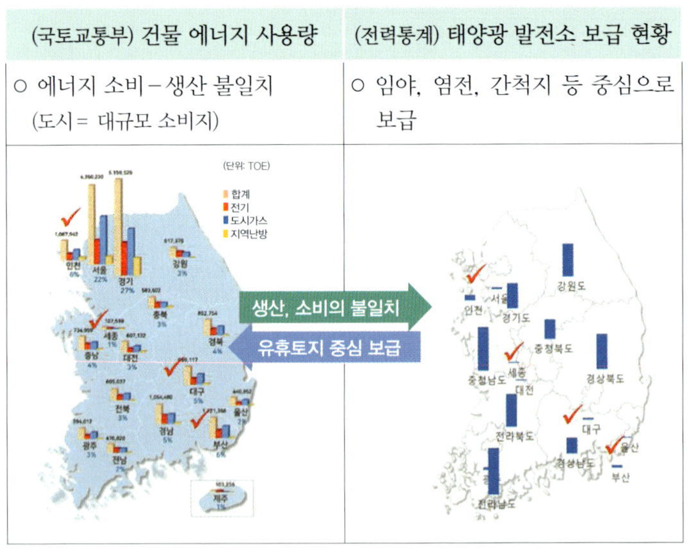

*출처: 건물태양광협회 창립기념 포럼(2019)

3. 건물형 태양광

(1) BIPV vs. BAPV

건물에 적용하는 태양광 발전을 BAPV와 BIPV로 구분하기도 하는데, BAPV는 Building Applied/Attached Photo-Voltaic의 약자로 건물과 일체화되지 않은 구조물 형태로 적용하는 태양광 발전의 형태를 말하며, BIPV는 Building Integrated Photo-Voltaic의 약자로 건물과 일체화된 태양광 발전의 형태를 말한다.

[참고] 용어 정의: '20년 2월 개정

건물일체형 태양광(BIPV): 태양광 모듈을 건축물에 설치하여 건축 부자재의 역할 및 기능과 전력 생산을 동시에 할 수 있는 태양광 설비로 창호, 스팬드럴, 커튼월, 이중파사드, 외벽, 지붕재 등 건축물을 일부 또는 완전히 둘러싸는 벽, 창, 지붕 형태로 모듈이 제거될 경우 건물 외피의 핵심 기능이 상실 또는 훼손될 수 있어 다른 건축자재로 대체되어야 하는 구조.

*출처: 신재생에너지 설비의 지원 등에 관한 지침, 재생에너지원별 시공기준(에너지공단 외)

건물 태양광 적용 부위별 요구 성능

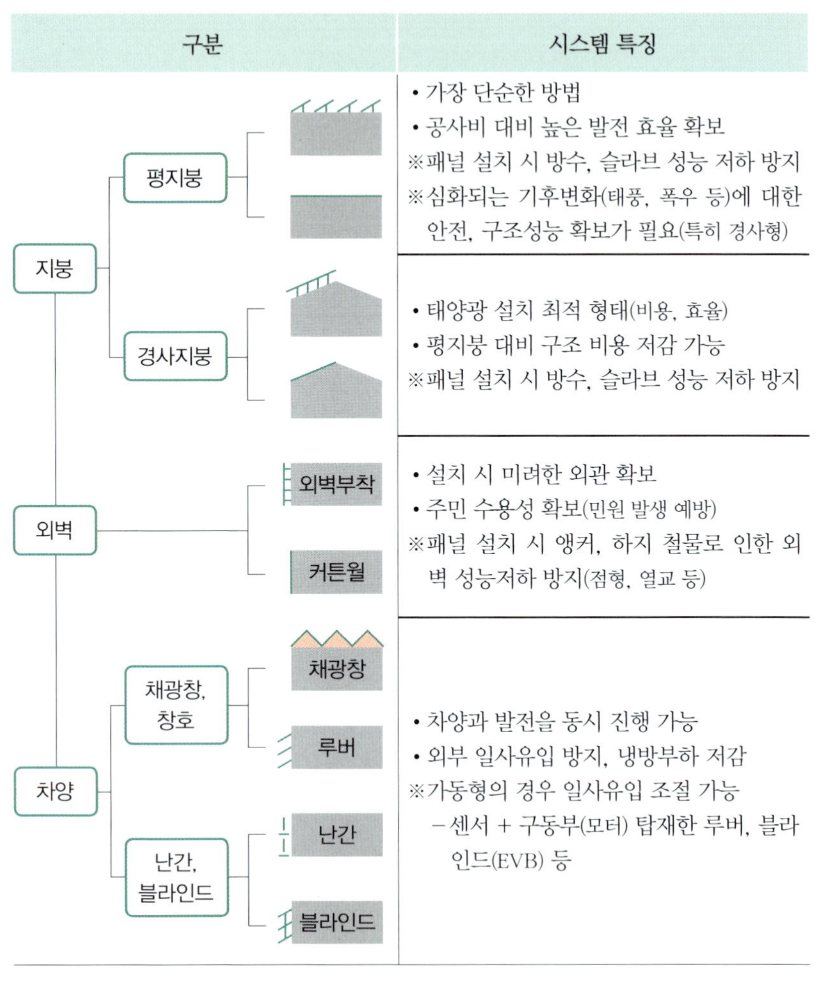

구분			시스템 특징
지붕	평지붕		• 가장 단순한 방법 • 공사비 대비 높은 발전 효율 확보 ※패널 설치 시 방수, 슬라브 성능 저하 방지 ※심화되는 기후변화(태풍, 폭우 등)에 대한 안전, 구조성능 확보가 필요(특히 경사형)
	경사지붕		• 태양광 설치 최적 형태(비용, 효율) • 평지붕 대비 구조 비용 저감 가능 ※패널 설치 시 방수, 슬라브 성능 저하 방지
외벽		외벽부착 커튼월	• 설치 시 미려한 외관 확보 • 주민 수용성 확보(민원 발생 예방) ※패널 설치 시 앵커, 하지 철물로 인한 외벽 성능저하 방지(점형, 열교 등)
차양	채광창, 창호	채광창 루버	• 차양과 발전을 동시 진행 가능 • 외부 일사유입 방지, 냉방부하 저감 ※가동형의 경우 일사유입 조절 가능 – 센서 + 구동부(모터) 탑재한 루버, 블라인드(EVB) 등
	난간, 블라인드	난간 블라인드	

구분	건축 부위별 요구 성능					
	적재하중	적설하중	내풍압/내진	방수성능	내화성능	에너지절약
평지붕	○	○	○	○	○	열관류율 일사취득계수
경사지붕	○	○	○	○	○	열관류율 일사취득계수
외벽부착	○	–	○	○	○	–
커튼월	–	–	○	○	○	열관류율 일사취득계수
채광창	○	○	○	○	○	열관류율 일사취득계수
루버	–	–	○	○	○	
난간	○	–	○	○	–	
블라인드	–	–	○	○	–	

*출처: 제로에너지건축 보급 확산 방안, 제로에너지빌딩 학습지원 자료집 등(국토교통부, 에너지공단 외)

태양광 발전은 건물의 다양한 공간에 적용 가능하지만, 지붕, 입면, 차양 등 적용하는 위치에 따라 고려할 사항은 조금씩 달라진다.

1) 지붕

태양광 발전을 건물에 설치하는 가장 일반적인 경우이다. 평지붕의 경우 주변 건물에 의한 음영 요소가 없다면 지상형 태양광 발전과 유사한 형태이며, 태양광 모듈의 방위, 경사를 최적화할 수 있어 공사비 대비 높은 발전 효율을 확보할 수 있다. 경사지붕의 경우 태양광 모듈을 설치하는 지붕의 각도가 적절하다면 평지붕 대비 구조물의 비용을 절감할 수 있는 형태이다.

2) 입면

건물의 사방 외벽면에 수직 형태로 설치하는 경우이며, 설치 시 미려한 외관을 디자인적으로 확보하는 것이 관건이다. 창호에 G2G(Glass to Glass) 형태로 설치하는 경우가 대부분이며, 결정질 모듈을 벽면에 거치하여 시공하기도 한다.

3) 차양

계절에 따른 차이가 존재하나, 여름철의 경우 외부 일사는 건물의 냉방 수요를 증가시키게 된다. 따라서 차양을 태양광 발전설비로 활용할 경우 외부 일사를 줄이면서, 발전도 동시에 할 수 있는 효과가 있다.

건물 용도별 특징 : 홈, 오피스, 공장

홈

용도: 주거용(3kW ~ 소규모)

설치공간: 지붕, 옥상

※설계시 태양광 반영이 최적이나 건물 완공 후에도 설치 가능

오피스

용도: 오피스, 연구시설 등

설치공간: 건물 입면, 옥상

※입면 설치의 경우 설계단계에서 사전 검토 필요

공장

용도: 생산시설 등(중·대규모)

설치공간: 지붕, 옥상 등

※완공 이후 설치 가능(구조, 누수 등 사전 검토 필요)

(2) 고부가가치 건물태양광의 필요성

토지에 설치하는 태양광의 경우, 해당 토지가 영농, 주거 등 다른 목적에 적합할 경우 발전사업보다는 본래 목적을 살리는 용도로 활용되는 것이 경제적으로 바람직하다.

그러나 건물의 경우, 제로에너지건축 의무화로 인해 재생에너지에 대한 적용이 강화되고 있고, 수요처에서 전력을 직접 생산하는 분산전원의 필요성이 강화되고 있는 상황에서 건물일체형 태양광은 피할 수 없는 선택이 될 것이다.

BIPV 건물 적용 사례

*출처: 건물태양광 사례 및 향후 방향(건물태양광협회)

BIPV는 태양광 시장의 Killer application으로서의 가치를 충분히 가지고 있고, 다양한 기술적 시도가 일어나고 있다.

그러나 제로에너지건축 의무화 진행에도 불구하고, 전시회 등 행사를 제외하고는 BIPV를 우리 주변에서 쉽게 접할 기회는 없어 보인다. 그 이유는 무엇일까? 시장의 장애요인에 대해 곰곰이 생각해 볼 필요가 있다.

1) 기술 측면 장애 요인

BIPV는 건물 디자인에 따라 주문 제작 방식으로 만들어진다. 따라서 일반 태양광 모듈(PV)을 생산하듯이 높은 수율로 생산할 수 없어 단가 자체가 높다. 통상 일반 PV 대비해서 2배 이상이다.

또한 건물에 설치하다보니 주변 건물의 음영에 영향을 받을 수밖에 없고, 시간대에 따른 음영 구역도 발생한다. 기술적으로 음영 요소를 최소화할 수

BIPV 시장 적용의 장애요인

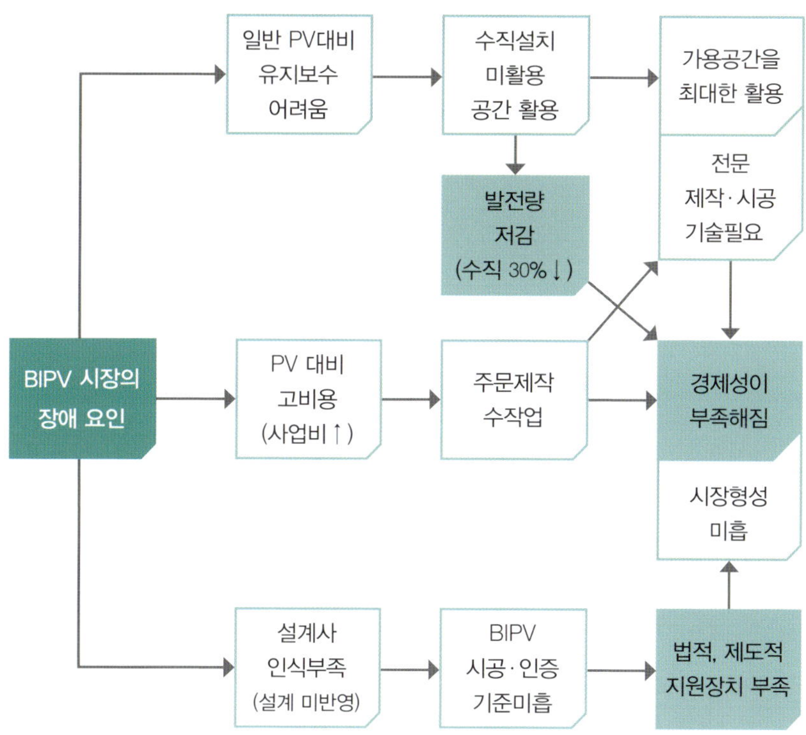

*출처: 건물태양광 사례 및 향후 방향(건물태양광협회)

있는 추가적인 검토가 필요하고, 부분적인 음영 요소에 따른 효율 저하 등 문제가 발생할 수 있다. 특히 실리콘 태양전지의 경우 부분적인 음영이 발생 시 hot-spot 등으로 인한 수명저하, string에 연결된 모듈 전체에 출력 저하 등을 초래할 수 있어 설계 시 세심한 검토가 필요하다.

지붕뿐만 아니라 가용한 공간을 최대한 활용하기 때문에 수직설치나 기존에 활용하지 않았던 공간을 활용하는 것도 BIPV의 애로사항 중 하나이다. 따라서 유지보수 측면에서 일반 PV 대비 어려움이 가중된다.

BIPV의 경우 창호, 벽면 등 설치 장소에 따라 부속자재와 결합 시공이 필수적이다. 이러한 시공에 있어서는 제로에너지건축 측면에서 건축시공과 전기시공 양쪽에 전문성을 가진 전문시공팀이 작업을 진행해야 하는데, 비전문가가 시공 시 창호, 마감재 등의 연결성 저하, 방수 및 단열성 저하가 발생할 수 있다.

이러한 기술적 이슈를 해결하기 위해서는 BIPV 제품의 표준화, 음영 및 수직설치 등에 따른 효율 저하를 극복할 수 있는 기술개발, BIPV 전용 설계, 시공전문가 육성이 필요하다.

2) 시장 측면 장애 요인

건물의 입면은 건축주나 설계사 입장에서 건물의 identity를 나타낼 수 있는 중요한 공간이다. 이 공간을 BIPV로 시공하는 것은 디자인 자유도에 대한 심대한 침해요소로 생각될 수 있다. 또한 건물을 지을 때 디자인 요소뿐만 아니라 건물의 Q.C.D가 모두 중요하다. 시공 품질(Quality), 건설비용(Cost), 시공일정(Delivery)은 Trade-off 관계에 있기 때문에 건축주나 설계사는 어느 하나도 포기할 수 없는 요소이다. 제로에너지건축 의무화가 시행될수록 건물주와 설계사의 고민은 증폭될 것이다. 일반적으로 BIPV가 경제성을 저해하는 요소로 작용하고, 디자인적으로도 심미성을 만족시키지 못할 경우 고민은 더 깊어지게 될 것이다. 국내 PV 시장이 연간 2GW 이상 설치되는 데 반해, BIPV의 경우 시장이 형성되고 있는 시기이기 때문에 시장 자체를 키울 필요가 있다. 또한 제로에너지건축 의무화가 2020년부터 진행된다고 하지만 공공건축물 중심의 시장이기 때문에 민간시장으로 적용이 확대되는 2025년까지 시장의 규모를 확대할 필요가 있다.

시장을 활성화하기 위해서는 사업주, 건축가 입장에서 BIPV 도입에 대한 유인책이 절실하다. BIPV가 자가소비용으로 주로 사용되고 있지만 전력판매용(RPS)으로 사용될 경우 시장의 규모가 확대될 가능성이 존재한다. 따라서 3년마다 소성되는 재생에너시 REC 조정에 내해 BIPV의 경제성 등을 검토하여 REC 가중치 반영을 고민해 볼 필요가 있다. 또한 활성화를 위한 방법으로 BIPV에 대한 장기융자 정책이나 다양한 사업모델 검토를 통해 건축주, 설계사 등 이해관계자들이 BIPV 도입을 검토하도록 하는 유인책이 필요하다.

3) 정책 측면의 장애 요인

BIPV는 건물일체화된 태양광이기 때문에 건물 외장재와 태양광 모듈 양측의 성능을 만족해야 한다. 외장재로서의 요구성능은 수밀성, 기밀성, 차음, 단열성, 시공성, 경제성, 안전성, 심미성 등이며, 태양광 모듈로서의 요구성능은 발전성능, 효율, 내구성, 성능 신뢰성, 실용성, 경제성, 심미성 등이다. 현재 일부 기술표준으로 관련 검증을 하고 있으나, 외장재와 모듈의 성능을 만족하기 위한 시공 및 인증기준 등은 개선이 필요하다.

또한, 태양광 관련 사업모델 중 대규모 토지형 태양광 프로젝트, 수상형 태양광 프로젝트, 영농형 태양광 프로젝트 등이 일부 결실을 맺고 있는 것과는 대조적으로 BIPV 관련 태양광 프로젝트는 지자체 공공기관 중심의 소규모 사업만 진행되고 있어 보급 확대를 위한 체계적 지원 확대가 요구되고 있는 상황이다.

스마트시티와 같은 대규모 실증 프로젝트에 BIPV를 적용하는 한편 도시계획 단계부터 BIPV를 설계 및 시공에 반영하는 노력이 요구된다. 또한 전문가 집단을 양성하는 정책적인 지원도 관련 산업을 육성하는데 필수적이다.

(3) 건물 태양광 향후 과제

건물 태양광이 성과를 거두기 위해서는 일부 관련 회사, 기관의 노력이 아닌 BIPV 생태계를 구성하고 있는 이해관계자 전원의 노력과 협업이 필요하며, 이를 통해서만 기술적, 경제적 난제를 극복할 수 있다.

건물일체형 태양광(BIPV)이 성과를 거두기 위해서는 일부 관련 회사, 기관뿐만 아니라 이해관계자 전원이 소통과 협업을 해야 하며, 이를 통해서 기술적, 경제적 애로사항이 해소될 수 있을 것이다.

1) 건축주의 역할

건축주는 프로젝트의 주인으로서 제로에너지건축과 더불어 건물에 적용되는 BIPV에 대한 이해도를 향상하는 동시에 사업성에 대한 검토가 필요하다. 특히 다른 수단보다 BIPV를 활용하는 적용의 당위성과 비용 및 기술에 대해 열린 마음으로 검토하는 자세가 필요하다.

2) 제조사의 역할

BIPV의 경우 수작업으로 모듈을 제작하는 경우가 많아 경제성이 확보되지 않는 경우가 많다. 환경 및 경제성 이슈를 극복하기 위해서는 제품을 규격화하여 시장성을 확보하는 노력 및 시장이 요구하는 재질 개선, 경량화, 공정향상 노력이 필요하다. 또한 설계, 시공사가 쉽게 활용할 수 있는 제품 개발 및 제품 관련 전문가를 양성하는 활동이 선행되어야 한다.

이해관계자의 역할

<table>
<tr><th>해결 과제</th><th>제품 규격 표준화 (주문제작 →범용)</th><th>변환 효율 향상 *효율적 설계 기술 개발</th><th>시장 확대 (일부 건물 벽면/지붕→ 모든 건축물)</th><th>인증 기준 확립 (설계, 시공 가이드라인 없음)</th><th>전문가 양성 (일부 전문업체 →관련기관 전문가 보유)</th></tr>
<tr><td>건축주</td><td colspan="3">건물 적용 BIPV에 대한 이해와 수용
(적용 당위성, 컨셉, 비용, 기술)</td><td>–</td><td>–</td></tr>
<tr><td>제조사</td><td rowspan="2">표준 규격 제품군 개발
(제조사–시공사 설계반영)</td><td colspan="2">고효율 제품개발을 통한 비용 절감
(재질 개선, 경량화, 공정향상)</td><td rowspan="3">인증제도 구축을 위한 의견 개진
(범위, 대상, 성능 등에 대한 전문가 의견 반영)</td><td>전문가 양성
(제품개발, 성능 개선)</td></tr>
<tr><td>설계사</td><td colspan="2">효율 향상을 고려한 설계 반영
(건물 경사, 방위 고려)</td><td>전문가 설계팀 육성 및 운영</td></tr>
<tr><td>시공사</td><td colspan="3">설계안에 충실한 정밀시공
(시공 이슈에 대한 개선안 FeedBack)</td><td>전문 시공팀 육성 및 운영</td></tr>
<tr><td>지자체 (정부)</td><td>정부, 지자체 차원의 전문가 클러스터 운영</td><td colspan="2">시장 견인책 제시
(의무 대상/비율↑)
(고효율제품 인센티브)</td><td>가이드라인 명확화
(범위, 대상, 방법 구체화)</td><td>정부, 지자체 차원의 전문가 클러스터 운영</td></tr>
</table>

*출처: 건물태양광 사례 및 향후 방향(건물태양광협회)

3) 설계사의 역할

설계사는 쉽지 않은 환경조건(수직설치, 음영, 간선처리 등) 및 디자인 자유도 침해 측면에서 BIPV 활용을 꺼리는 경향이 있으나, 이를 극복하는 것도 설계사의 역할이라는 것을 인식할 필요가 있다. 건물을 둘러싼 미기후 조건을 철저히 분석하는 한편 효율 향상을 고려한 설계 전문성이 요구된다.

4) 시공사의 역할

다른 건축시공과 마찬가지로 BIPV의 경우도 시공의 전문성이 요구되는 분야이다. 그러나 BIPV 관련 시공 경험 및 사례가 많지 않은 경우, 시공 내용이 설계사, 제조사, 건축주이 클레임으로 이어질 경우가 많으므로, 설계안에 충실한 정밀 시공 및 적극적 개선 요청이 필요하다.

5) 지자체/정부의 역할

건물 태양광은 인구의 도시 집중도가 증가되는 경향을 생각할 때 분산발전에서 반드시 육성되어야 하는 분야이다. 그러나 관심에 비해 시장이 반응하지 않는 이유는 BIPV의 정의부터 범위, 방법 등 구체화할 사항이 많고 기술, 인증에 대한 가이드라인이 명확하지 않은 이유도 있다. 이를 위해 정부, 지자체 차원의 전문가 클러스터 육성과 함께 시장이 반응할 수 있는 동기부여 방법에 대해 고민할 필요가 있다.

(4) 향후 방향

건물태양광은 효율, 성능, 안전성뿐만 아니라 심미성을 갖춰야 한다. 이를 위해서는 창의적이고, 혁신적인 디자인이 뒷받침되어야 가능하다.

건물태양광의 미래 모습

*출처: The future of farming?('19.9, Toronto Univ.)

4. 에너지 IT 플랫폼

(1) 플랫폼 기업의 시대

지금은 뉴 노멀의 시대다. 2008년 글로벌 금융위기 이후 저성장, 저금리가 고착화되면서 10% 이상 성장하던 사업들은 과거의 향수가 되었고 전통 산업, 제조업의 성공 방정식은 힘을 잃어가고 있다. 산업성장기에는 규모의 경제를 달성하고, 빠르고 효율적으로 제품을 공급하는 기업이 성공했다면, 저성장이 고착화된 사회에서는 플랫폼을 통해 서비스의 공급자와 이용자를 연결하는 또 다른 규모의 경제가 새로운 성공방정식으로 자리잡았다. 바야흐로 플랫폼의 시대가 도래한 것이다. 생활 전반에 플랫폼 기업 아닌 비즈니스를 찾기 힘든 상황이다. 매일 아침 일어나 출근하고, 커피 한 잔 마시며, 점심 먹고, 퇴근할 때 우리가 모르는 사이에 많은 플랫폼을 이용하고 있다.

(2) 에너지 IT 플랫폼

전통적으로 에너지 분야는 변화가 느린 영역이 많다. 혁신보다는 안정적이고, 신뢰성 있게 소비자가 필요한 전력을 공급하는 것이 중요하기 때문이다. 그러나 기후변화 대응, 탄소 중립, RE100, ESG 등을 위해 재생에너지가 계통망에 접속되고 최종 소비자의 관심이 높아지면서 에너지 분야도 IT를 활용한 플랫폼 사업이 속속 등장하고 있다.

기존에는 석탄, 원자력, LNG 가스발전으로 생성된 전력을 한국전력이 공급해 주는 형태의 시장구조였다면, 현재 그리고 미래는 공급자와 소비자의 경계가 점차 희미해지는 프로슈머의 시대가 올 것이다. 즉, 한수원, 남동발전, 포스코에너지 등 소수의 발전 플레이어가 전력 시장을 수직적, 폐쇄적으로 지배하던 형태에서, 다수의 사업자가 전력을 생산하고, 소비하는 수평적, 개방적 구조로 변화할 것이다.

전력시장 변화의 방향

구분	전통적 전력시장	미래 전력시장
시장주체	이원화(공급자 vs 소비자)	경계 희석(예. 프로슈머)
전력거래	전력시장	전력시장, 전력중개거래, P2P 등
시장구조	수직적, 폐쇄적	수평적, 개방적
전력망 역할	공급망(pipeline)	플랫폼(platform)

*출처: 2차 지능형 전력망 기본계획(산업통상자원부)

산업부가 '지능형 전력망 기본계획'에서 밝힌 바와 같이, 전력시장에서 '소비'와 '공급'의 경계는 점차 희석되고, 소비자가 전기를 직접 사고 파는 적극적 시장 참여자로서 등장할 것이다. 이런 변화의 이면에는 A(인공지능), I(IoT), C(크라우드), B(빅데이터), M(모바일)으로 대표되는 IT 기술이 있다. 이러한 IT 기술을 바탕으로 전력망은 '공급망'에서, '플랫폼'으로 역할이 변화될 것이며, 전력 시스템은 새로운 가치를 창출하게 될 것이다. 전력의 공급자인 발전소들과 소비자인 가정, 건물, 공장 등은 플랫폼 내에서 연결되고, 활발한 거래를 통해 서로의 이익을 도모한다.

에너지 IT 플랫폼의 연결성

*출처: 에너지엑스㈜

이러한 에너지 IT 플랫폼 시장에서 새로운 가치를 만들어 가는 기업들이 있다. 에너지 플랫폼 회사는 편리하고, 투명한 거래구조로 공급자와 소비자 모두를 편리하게 연결하는 사업구조를 가지고 있다. 기존의 전력시장은 전형적으로 생산자와 소비자, 판매자와 구매자가 구분된 단면시장(One-Way)의 특징을 가지고 있어, 정보의 비대칭성이 높은 특징이 있다. 제한된 정보, 불투명한 거래 구조는 서로가 상생하는 Win-Win 구조가 아닌, 일방의 희생을 강요하는 시장이 되기 쉽다.

이러한 구조가 계속된다면, 플레이어들은 점점 소외되고, 비효율성은 점차 증가하게 된다. 태양광 프로젝트를 추진하고자 하는 사업자 입장에서는 제한된 정보로 인해 겪지 않아도 될 불필요한 시행착오를 경험하는 경우가 많다. 일부 왜곡된 신문기사나, 인터넷 정보가 누적되면서 태양광 및 에너지 산업에 대한 신뢰성은 급격히 하락하게 된다. 전력산업의 경우 기본적으로 Cash-flow가 안정적인 사업이다. 초기 투자비가 높은 반면, 수년에 걸쳐서 안정적으로 수익을 확보할 수 있다. 여기서 발생하는 수익은 최소한 금리를 상회하는 수준의 고정적 현금창출이 가능하므로 Risk가 높은 다른 투자 대안에 비해 안정적 고정 수익 창출을 희망하는 투자자에게 매력적인 투자 대상이 되는 것이다. 그러나 Risk에 대한 바른 정보제공이 이루어 지지 않을 경우, 투자자는 안정적인 사업 기회를 놓칠 수 있는 가능성이 있다.

사업 개발하는 입장에서도 정보의 비대칭은 문제가 될 수 있다. 태양광 발전의 경우 사업 자체의 매력이 높기 때문에 한 번 개발을 경험한 고객은 재차 사업을 추진할 가능성이 매우 높다. 그러나 첫 번째 사업 개발에서 잘못된 정보나, 중간 브로커가 시장을 장악한 경우 고객은 부정적인 시각으로 다음 사업을 바라보게 되고, 또 다른 사업을 추진할 의지를 상실할 경우가 많다. 이

태양광 시장의 실태

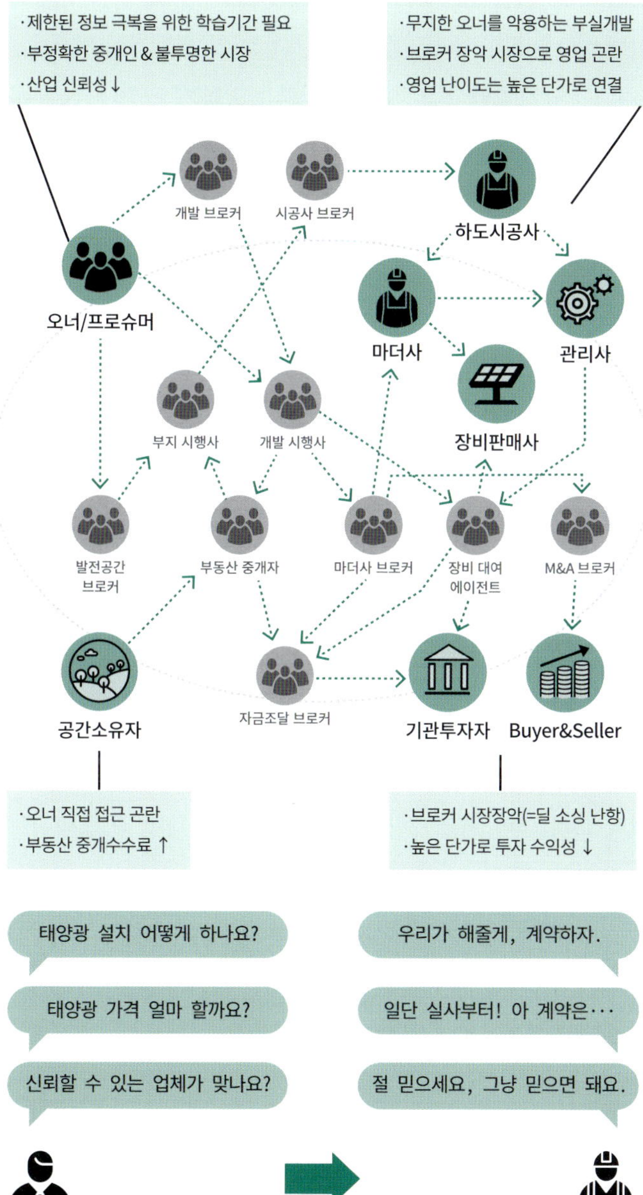

·제한된 정보 극복을 위한 학습기간 필요
·부정확한 중개인 & 불투명한 시장
·산업 신뢰성↓
·무지한 오너를 악용하는 부실개발
·브로커 장악 시장으로 영업 곤란
·영업 난이도는 높은 단가로 연결
개발 브로커
시공사 브로커
하도시공사
오너/프로슈머
마더사
관리사
장비판매사
부지 시행사
개발 시행사
발전공간 브로커
부동산 중개자
마더사 브로커
장비 대여 에이전트
M&A 브로커
공간소유자
자금조달 브로커
기관투자자
Buyer&Seller
·오너 직접 접근 곤란
·부동산 중개수수료↑
·브로커 시장장악(=딜 소싱 난항)
·높은 단가로 투자 수익성↓
태양광 설치 어떻게 하나요?
태양광 가격 얼마 할까요?
신뢰할 수 있는 업체가 맞나요?
우리가 해줄게, 계약하자.
일단 실사부터! 아 계약은···
절 믿으세요, 그냥 믿으면 돼요.
오너
프로슈머
포털 / SNS / 전단지
OO 시공사
OO 브로커

경우에 사업개발자의 영업 난이도는 상승하게 된다. 열 명의 충성고객을 유지하는 비용이, 새로운 고객을 한 명 유치하는 것보다 적게 발생할 수 있다. 특히 태양광 발전사업의 경우 부정적인 인식이 많기 때문에, 보통의 사업보다 더욱더 기존 고객을 유지하며, 새로운 고객에게 좋은 경험이 남는 활동에 최선을 다해야 한다. 투자자의 입장에서는 브로커가 시장을 장악한 경우 투자에 들어가는 비용 이외에도 추가적인 영업비 등이 발생하여 투자 수익성이 저하되는 경우도 존재할 수 있다. 에너지 사업 추진 환경의 혁신을 통해서 사업이 투명하게 추진되고, 신뢰할 수 있으며, 이해당사자들의 지속가능한 발전을 위해서는 양면 쌍방향(Two-Way)시장을 위한 플랫폼이 매우 중요하며 하루빨리 시장에서 보편적으로 작동되도록 하는 것이 필요하다.

에너지 IT 기업은 플랫폼에서 발전소와 전력소비자가 편리하게 정보를 공유하고, 모듈, 인버터, 구조물 등의 기자재 공급자, 금융회사, 개인 소액 투자자 등 다양한 집단이 서로 자유롭게 만나고 연결될 수 있는 비즈니스의 장(場)을 제공한다. 에너지 IT 플랫폼이 만드는 양면시장에서 발전소를 건설하고자 하는 프로젝트 오너, 기자재를 공급하고, 시공하는 EPC, 투자 대상을 찾는 금융관계자 등은 플랫폼을 매개로 서로가 만족하는 관계를 형성할 수 있다.

프로젝트 오너와 다양한 이해관계자를 "100% 비대면"으로 연결하고 관리하는 편리한 시스템, 자금의 수요자와 투자희망자를 온라인으로 연결하는 크라우드 펀딩을 통해 시장의 효율성, 프로젝트의 안정성은 크게 상승하게 될 것이다. 기존에는 태양광 사업을 시작하기 위해, 사업주가 주변의 시공사를 찾아다니거나 진행과정을 일일이 확인해야 하는 번거로움이 있었다. 자금 확보를 위해서도 일일이 지역금융기관이나 투자 자문사를 만나서 요청하는 과정이 필요했다. 그러나 에너지 플랫폼에서는 사업주가 온라인을 통해 앉은 자리에서 견적서 수령, 시공사 선정, 전자 계약 체결, 설치 과정 관리 등 사업에 관한 과정들을 확인할 수 있다.

또한 사업 자금 확보에 있어서도 크라우드 펀딩 등을 통해서 사업비를 합리적으로 조달할 수 있고, 사업구조와 방식에 따라 최적화된 금융 조달 방식을 선택할 수 있어 사업주 이익이 크게 증대되며, 선택의 폭이 넓어진다.

에너지 IT 플랫폼의 사업 방향

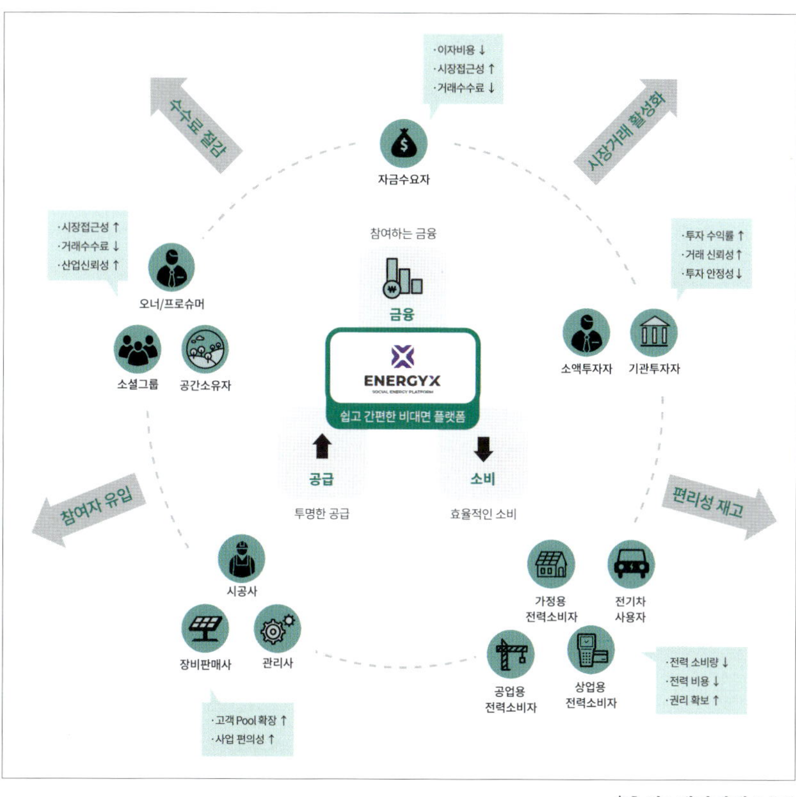

*출처: 에너지엑스(주)

에너지 플랫폼 기업은 미래 전력사업을 선도하는 주체가 될 것이다. 보수적인 전력산업의 특성상 수많은 어려움과 과제가 산적해 있다. 비즈니스의 속도가 산업구조의 변화 속도보다 빠를 때 시장의 선도 주자가 겪어야 하는 어려움은 상상 이상이다. 과거의 수호자들과 미래의 개척자들이 서로를 이해하는 일은 불가능에 가까울 수 있다. 그러나, 시간은 미래를 만들어가는 사람들의 편이다. 그린 뉴딜, 디지털 뉴딜을 위해 다양한 정책이 시행되고 있고, 정부와 지역자치단체는 2050년 탄소 중립을 위해 노력하고 있다. 기업뿐만 아니라, 지역자치단체도 탄소배출권 해당 주체로서 에너지 전환, 산업, 수송, 건물 분야에서 탄소 저감을 위한 시도를 진행하고 있고, 기업들도 ESG 경영을 위한 검토에 착수하고 있다.

기업 입장에서도 RE100, ESG 경영은 더 이상 선언적인 의미가 아니다. 한전이 전기요금에 연료비 연동제를 도입하며, 연료 조달 상황에 따라 전기요금은 언제든 상승할 수 있으며, 몇 년 간 고정되어 있던 산업용 전기요금도 충분한 상승 압박을 받고 있다. 대한민국이 선진국의 반열에 들어서면서, 언제까지 저렴한 전기요금을 통해 산업 경쟁력을 확보할 수는 없을 것이다. 또한 유럽의 탄소국경세 도입으로, 제조업 비중이 높고 수출에 대한 의존도가 심한 우리나라는 향후 치명적인 타격을 받을 가능성이 높다. 1억 이상의 인구를 확보하고 있는 주요 선진국의 경우 내수 시장을 기반으로 사업을 운영할 수 있으며, 이미 탄소 배출을 최소화할 수 있는 산업 구조와 기술을 확보하고 있는 경우가 많다. 이를 바탕으로 새로운 무역장벽을 형성하고 있는 것이다.

EU의 'Fit fot 55'는 2030년까지 탄소배출의 55% 감축을 목표로 하고 있으며, 우선 EU가 수입하는 물품은 EU 배출권에 상당하는 탄소가격을 추가적으로 지불해야 한다.

철강, 시멘트, 알루미늄, 전기, 비료가 우선 대상이며, 추가적인 비용 부담은 현재 상황에서 피할 수 없는 현실이다. 대외 경제연구원에 따르면 탄소 국경세 도입으로 국내 철강 산업은 작년 수출액 기준으로 4,000억원을 추가 부담해야 된다고 한다. 대표적인 온실가스 고배출 산업인 철강산업의 경우 환경 기후 문제의 해결에 대해 깊은 관심을 기울여 왔으나 단기적인 해결방안은 부족한 실정이다. 수소환원 제철기술이나, 비활용 배열을 회수하는 기술은 개발이 추진 중이나, 설비대체 시기 등 국가별 산업 환경의 차이가 있고 비용 상승 등을 수반하므로 다양한 관점의 검토가 필요할 것으로 생각된다. 이를 위한 현실적인 대안으로 RE100, ESG 관점의 새로운 비즈니스 모델을 적용할 수 있을 것이다.

비즈니스의 해결책으로서 철강, 자동차, 시멘트 등 전통 산업과 에너지 플랫폼 기업의 사업적인 파트너쉽을 기대해 본다. "미래는 이미 와 있다. 단지 널리 퍼져 있지 않을 뿐이다"라는 윌리엄 깁슨의 말처럼 이미 탄소중립과 기후변화 대응을 위한 비즈니스 솔루션은 존재할지도 모른다. 에너지 IT 플랫폼 기업의 역할이 기대되는 시점이다.

부록

[첨부 1] 태양광 & 풍력발전 바로 알기

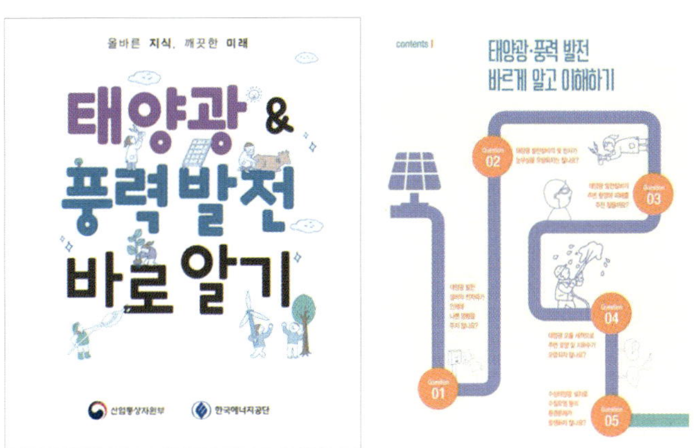

기본적으로 태양광 발전시설도 전기기기이기 때문에 전자파가 나오는 것은 사실이다. 그러나 태양광 패널에서 전자파가 발생하지는 않고, 전력변환 장치인 인버터에서 전자파는 발생한다. 단 인버터에서 발생하는 전자파는 노트북의 1/50 수준이다.

국립전파연구원의 자료에 따르면 인체보호기준을 62.5mG로 했을 때 태양광 발전시설의 전자파 자기장 강도는 0.07mG 수준이다. 참고로 비교하자면 헤어드라이어는 37.0mG, 텔레비전은 0.1mG, 노트북 PC는 0.08mG 수준이다.

또한 한국화학시험연구원의 전자파 전기장 기준에 따르면 인체보호기준 87v/m을 기준으로 태양광 발전시설의 전기장은 0.17v/m이다. 참고로 선풍기의 9.01v/m, 노트북의 30.19v/m보다 현저히 낮은 수준이다.

Q1

태양광 발전설비의 전자파가 인체에 나쁜 영향을 주지 않나요?

A : 태양광 발전설비의 전자파 세기는 인체 보호 기준에 적합합니다.

태양광 발전소의 전자파는 직류를 교류로 변환하는 '인버터'라는 전력변환장치 주변에서 아주 적은 양이 발생합니다. 태양광 발전소의 전자파 세기는 정부 안전기준의 1% 수준으로 인체에 해롭지 않으며 이는 주변에서 흔히 사용하는 생활가전기기의 전자파 세기보다 낮은 수준입니다.

태양광 발전소 주변 전자파 세기[1]

측정지점	인버터 실외	태양광 모듈	인근 농장
전자파 세기(mG)	1.03 ~ 10.59	1.03 ~ 2.23	0.9 ~ 2.2

* 인버터실 외부 벽면에서 1~3m, 태양광 모듈 주변 1m 거리 측정

정부의 전자파 인체 보호 기준 : 833mG[2] * 주파수 범위 0.025kHz~0.8kHz 기준

전자파 세기 비교(생활가전기기 vs 태양광 인버터)[3][4]

품명 구분	휴대용 안마기	전기오븐	전자레인지	태양광 인버터(3kW)	인덕션	전기장판
전자파 세기(mG)	110.75	56.41	29.21	7.6	6.19	5.18

* 주파수 세기 60Hz 측정기준
** 이격거리 전기오븐 50cm, 전자레인지·인덕션·태양광 인버터 30cm, 휴대용 안마기·전기장판 밀착 측정기준

태양광 패널이 빛을 반사해 인체와 농작물에 피해를 준다? 빛을 반사하는 것은 사실. 이 사안의 경우 태양광 패널에 반사된 빛으로 미관을 해치고 눈이 아프다는 주장을 근거로 나오는 부분인데 실제 태양광 모듈을 빛을 흡수해서 전기를 생산해야 하기 때문에 빛을 반사하지 않기 위해 특수 코팅을 한다.

실제로 태양광 패널의 특성상 최대한 빛 반사를 줄이고 흡수율을 높여야 전력생산이 증가하기 때문에 특수유리 및 반사방지 코팅기술을 적용해 제작된다. 이에 따라 우리 삶 주변에서 흔히 볼 수 있는 건축물의 외장유리나 자연의 수면 빛 반사율보다 반사광이 적다.

그래서 실제 설치 시 흰색 페인트 외벽이나 밝은 색의 목재보다 반사율이 낮다. 태양광산업협회에 따르면 실제 태양광 모듈의 빛 반사율은 5.1% 수준인데 붉은 벽돌이 10~20%, 밝은 목재가 25~30%, 유리·플라스틱이 8~10%, 흰색 페인트 외벽이 70~90% 수준이다.

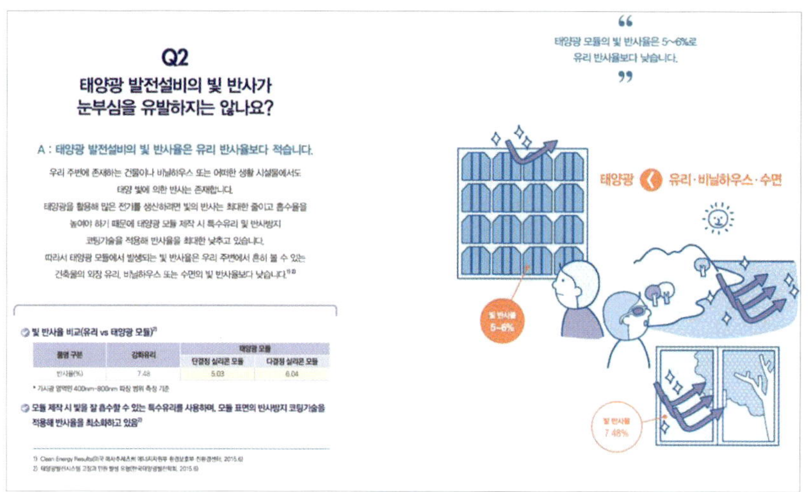

품명 구분	강화유리	태양광 모듈	
		단결정 실리콘 모듈	다결정 실리콘 모듈
반사율(%)	7.48	5.03	6.04

■ 팩트 1. 태양광 발전소 주변 온도가 상승?

완벽한 거짓. 주로 태양광 패널 주위가 일반지역에 비해 더 덥다는 주장이 미디어를 통해 많이 나오는 편인데 일조량과 자외선, 대기 온·습도를 비교한 결과 일반지역과 태양광 발전소 주변 축사 간 차이가 없으며 열화상 촬영 실험결과로도 온도변화가 없다고 알려졌다.

■ 팩트 2. 태양광 패널, 정말 중금속 덩어리인가?

완벽한 거짓. 한국태양광산업협회에 따르면 태양전지는 여러 물질을 이용해서 만들 수 있지만 한국에서 양산되는 모든 태양전지는 실리콘을 이용한다. 실리콘은 규소로 모래와 성분이 거의 같으며 태양광 패널은 태양전지를 이어붙여서 하나의 모듈을 완성하는 방식으로 생산된다.

일각에서 주장하는 카드뮴이 포함된 CdTe를 이용한 태양전지는 국내에서 전혀 생산되지 않고 있으며 보급 또한 이뤄진 사례가 없다. 이에 국내 시판 중인 모든 태양광 패널은 실리콘을 이용한 것이며 CdTe는 시판되고 있지 않기 때문에 국내에서 설치된 태양광 패널에서 카드뮴이 나오는 것은 불가능하다.

태양광산업협회에 따르면 모듈 제조 시 부품결합을 위해 극소량의 납이 사용되는 것은 사실이다. 다만 이는 극소량이며 환경영향법의 수질 및 수질생태계 조항에서 정한 환경기준보다 한참 아래다.

국책연구기관인 한국환경정책평가연구원의 보고서에 따르면 태양광 모듈의 납 함유량은 0.064~ 0.541mg/l에 불과하다.

이는 폐기물 관리법 시행규칙이 정하고 있는 납 지정폐기물의 함유량 기준인 3mg/l에 훨씬 못 미치는 수치며 이외에 수은, 셀레늄, 비소, 크롬의 다른 중금속 함유량도 법정기준 미만이다.

■ 팩트 3. 태양광으로 인한 토사유출 피해가 전 국토로 확대된다?

이는 사실이냐 거짓이냐 보단 성급한 일반화의 오류라고 보여진다. 환경부 육상태양광 발전사업 환경성 평가협의 지침에 의하면 산사태 위험 1·2등급으로 지정한 것은 태양광 회피지역으로 명시되어 있다.

최근 에너지 전환 정책으로 2030년까지 30.8GW의 태양광을 추가로 설치하기 위해선 262.6km²의 부지가 필요한데 이는 국내 국토면적의 0.26%다. 또한 임야 태양광사업 자체가 산림훼손을 전제하는 것도 아니다.

특히 부동산 등의 투기 수요 급증으로 인한 주민피해 등의 부작용도 정부가 이를 막기 위한 노력이 이어지고 있으며 토사 유출의 경우도 국내에 설치된 태양광 발전소 등 극히 일부분이기 때문에 우려할 만큼의 사태는 발생하지 않을 것으로 보여진다.

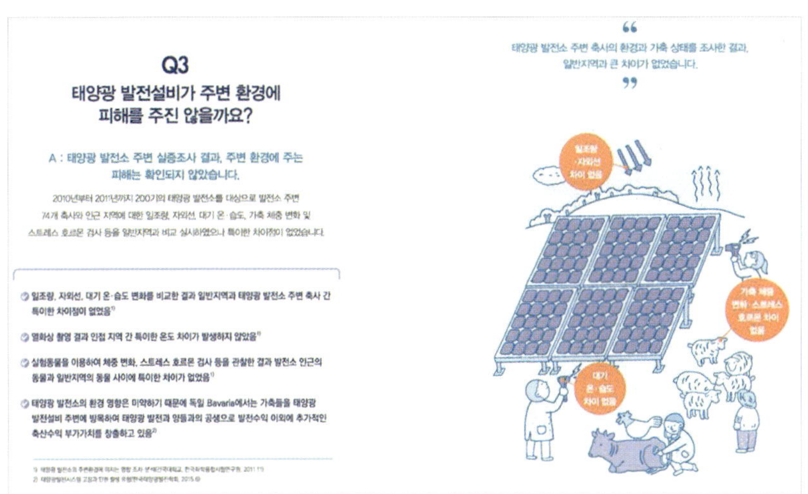

■ 팩트 4. 태양광 패널 세척제가 독성?

완벽한 거짓. 일부에서 태양광 패널을 세척할 때 독성 세제를 사용해 토양이나 수질이 극도로 오염된다는 주장을 하고 있지만 태양광 패널은 일반적으로 물로 청소한다. 태양광 패널의 유리표면은 특수 코팅되어 있어 물이 아니면 코팅 훼손이 우려되기 때문이다.

또한 실제 여름 장마 등 강수량이 많은 우리나라의 경우 비로 인해 태양광 패널 세척주기가 더 여유가 있는 편이다. 실제 유럽과 미국의 공식 가이드라인도 물로 세척하라고 명시되어 있으며 특수 코팅되어 있는 패널은 물로도 쉽게 오염물질 제거가 가능하다.

■ 팩트 5. 태양광 패널 수명 다하면 모두 쓰레기?

이 부분은 사실이냐 거짓이냐 여부를 따지기 보단 경제성 부분을 보는 것이 더 이해가 빠를 것이다. 태양광산업협회에 따르면 태양광 패널의 사용연한은 25~30년이 넘고 재사용도 용이하다. 최근 일본에서는 재사용 패널을 활용한 발전소가 세워지고 있다.

태양광 패널의 대부분이 유리와 알루미늄으로 구성되어 있어서 재활용 시 부가가치가 높다. 특히 극소량으로 나오는 은 성분의 가격이 굉장히 높은 편이다.

또한 과거 실리콘의 가격이 높았던 시절에는 폐태양광 패널을 수거해서 분해해 재활용하거나 은과 실리콘 등의 재료를 판매하려는 관련업자들의 수요가 많았다. 태양광 패널이 많이 나오더라도 재활용에 큰 문제가 없을 것이라는 것이 전문가들의 주장이다.

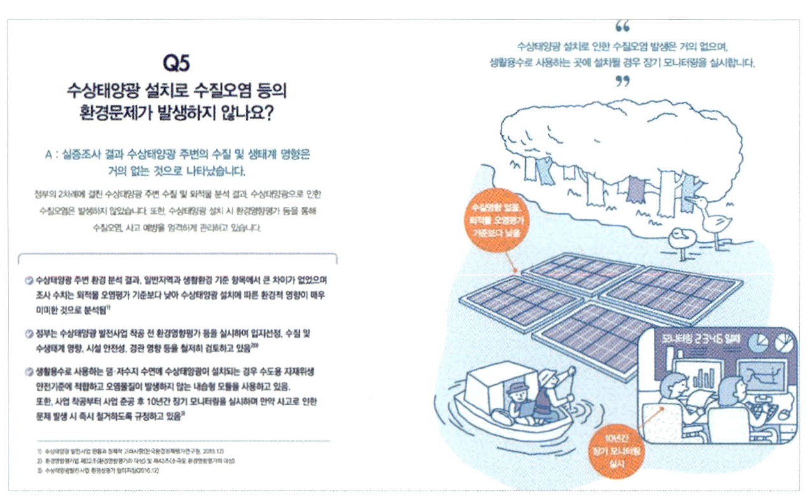

*출처: 태양광 & 풍력 바로 알기, 태양광에 대한 오해와 진실(한국에너지공단, 투데이에너지)

[첨부 2] 태양광 발전사업 추진절차(전문기관 안내서 소개)

발전사업 절차는 수개월 이상 소요되며, 절차 또한 복잡하다. 이를 위해서 관련 정부 공기업, 지자체 등에서 각종 절차 안내서, 가이드 등을 제공하고 있으니 상세 내용은 아래 절차서 등을 참조 바란다.

한국전력, 전력거래소, 에너지공단 신재생에너지센터, 전기공사협회 등 다양한 기관의 사업절차 안내서가 존재한다.

1) 전력거래소: 태양광 발전사업 안내서
   *출처: 태양광 발전사업 안내서(전력거래소)
2) 한국에너지공단: 태양광 발전사업 안내서
   *출처: 신재생 발전사업 안내(에너지관리공단 신재생에너지센터)
3) 한국전력: 태양광 PPA 가이드북
   *출처: PPA 가이드북(한국전력)
4) 한국전력: 태양광 PPA 가이드북
   *출처: 태양광 발전설비 설치 가이드북(한국전기공사협회)

[첨부 3] 기후변화와 IEA 온실가스 저감 시나리오

■ 기후변화와 이상현상 대응

기후변화(Climate Change)는 일정 지역에서 오랜 기간에 걸쳐 진행되는 날씨의 변화로 다양한 원인에 의해 나타난다.

자연적 원인으로는 빙하기와 간빙기가 주기적으로 순환하는 현상, 화산의 분출, 태양의 흑점 이동에 의한 변화 등이 있으며, 인위적인 원인으로는 공장, 가정 등 인간 활동에 의한 대기 구성 성분의 변화가 있다.

이러한 기후변화는 인류 역사를 통해 지속적으로 나타났으나, 산업혁명 등 인간 활동으로 인한 온실가스 배출이 급격하게 증가한 1800년대 후반부터 급격한 변화를 맞이하게 된다. CO_2 배출량과 온도상승에 대한 상관관계에 대해서는 많은 논의가 있었으나, 수십년 간의 연구에 의해 강한 상관관계가 존재하는 것이 학계의 정설로 받아들여지고 있으며, 이에 대해 반론은 제기하는 사람은 드물게 존재한다.

기후 시스템은 기본적으로 지구를 안정하게 유지하는 시스템이다. 햇빛을 받아서 대기 순환이 일어나고, 물 순환이 일어나는 시스템으로 동식물의 활동에 영향을 미친다. 이러한 자연스러운 활동이 온도변화에 의해 급격한 변화에 직면하면서 생존에 영향을 받고 있다.

현재 기온 상승은 산업혁명 대비 1℃ 정도 상승한 수준이나, 온도 변화에 의한 이상현상 및 피해는 지속적으로 나타나기 시작했다.

영구 동토와 빙하가 녹아 북극곰이 외롭게 빙하조각 위에 올라와 있는 것은 재앙의 시작일 수 있다. 해수면 상승으로 몰디브가 수몰되고 일부 해안지역도 침수되는 시나리오부터, 가뭄과 한파, 태풍으로 인한 피해, 말라리아 같은 해충의 영향, 전염병의 창궐 등 수많은 어려움이 있을 수 있다.

이러한 어려움에도 대응하기 위해 세계 각국은 온실가스 감축방안 등을 협의하고 있으나, 지구 온도는 21세기 말까지 산업화 이전 대비 2.7℃ 상승이 전망된다.

대기중 CO_2 농도와 온도상승 피해

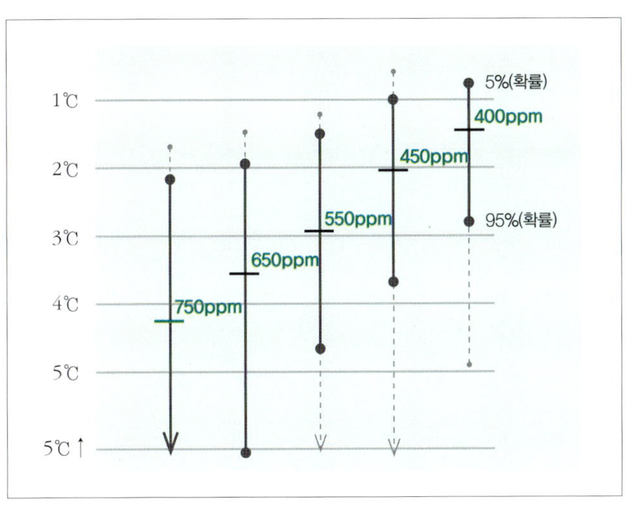

온도상승 (산업혁명 대비)	물	음식	건강
1℃	5천만 명의 물 공급 위협	온대 지역에서 곡물 생산이 약간 상승	최소 30만 명이 기후와 관련된 질병으로 사망(설사, 말라리라, 영양실조 등)
2℃	몇몇 지역에서는 물 사용 가능성이 20~30% 감소 가능성	열대 지역에서 곡물 생산이 급격하게 감소	아프리카에서 4~6천만 명 이상의 사람들이 말라리아에 노출
3℃	- 남유럽에서는 10년마다 극심한 가뭄 발생 - 10~40억 명 이상의 사람들이 물 부족으로 고통	- 1억 5천~5억 5천만 명 이상의 사람들이 굶주릴 위험 - 고위도 지역에서 농산물 생산량 정점 도달	1~3백만 명 이상의 사람들이 영양실조로 사망
4℃	남아프리카 지중해 지역에서 물 사용 가능성 30~50% 감소 가능성	아프리카에서 농산물 생산량 15~35% 감소	아프리카에서 8천만 명에 이르는 사람들이 말라리아에 노출
5℃	히말라야 빙하가 사라져서 중국과 인도의 수많은 사람에게 영향을 미칠 가능성	해양 산성화가 계속되어 해양 생태계가 심각하게 파괴	

	토지	환경	급격한 변화
1℃	영구동토가 녹아 캐나다와 러시아 등의 지역에서 건물과 도로 파괴	- 적어도 10%의 육상 생물이 멸종 위기 - 80%의 산호가 표백	대서양의 열 염분 순환이 약해지기 시작
2℃	매해 천만 명에 이르는 사람들이 해안침수 겪음	- 15~40%의 생물 멸종 위기 - 북극곰 등 북극 생물 멸종 위기	- 그린랜드 빙상이 녹기 시작하여 해수면 상승, 최종적으로 7m까지 상승 - 몬순 등 대기 순환에 급격한 변화가 발생할 위험 상승 - 서남극 빙상의 붕괴 위험 상승 - 대서양의 열 염분 순환이 완전히 붕괴될 위험 상승
3℃	매해 최대 1억 7천만 명까지 해안침수 겪음	- 20~50%의 생물 멸종 위기 - 아마존 열대우림 파괴	
4℃	매해 최대 3억 명까지 해안침수 겪음	- 북극 툰드라 절반 정도 상실 - 절반 이상의 자연보호구역이 제 기능 상실	
5℃	해수면 상승이 군소도시국과 저지대, 그리고 뉴욕, 런던, 도쿄 등 세계의 주요 도시들을 위협		
5℃ 이상	최근 연구에 따르면 온실가스 배출이 계속되면 지구 평균 온도가 5℃보다 더 상승할 수 있다. 이런 수준의 온도 상승은 지난 시기(age)와 오늘날의 온도 상승과 동등한 수준이며 엄청난 혼란과 대규모 인구 이동을 초래할 것이다. 그러한 변화의 결과는 재앙적일 것이지만 지금 모델로는 인간의 경험을 벗어난 수준의 온도 상승에 따른 결과를 파악하기는 매우 어렵다.		

*출처: Stern Review: The Economics of Climate Change, 2030 국가온실가스 감축로드맵 수정안 이해하기

기후변화에 의한 이상현상 – 신문스크랩으로 본 2018년 이상기후

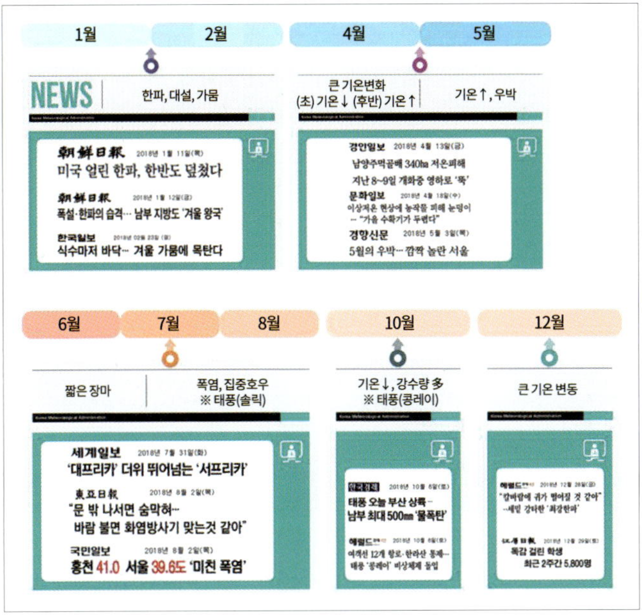

1월 2월 4월 5월

NEWS 한파, 대설, 가뭄

큰 기온변화 (초) 기온↓ (후반) 기온↑

기온↑, 우박

朝鮮日報 2018년 1월 11일(목)
미국 얼린 한파, 한반도 덮쳤다
朝鮮日報 2018년 1월 12일(금)
폭설·한파의 습격… 남부 지방도 '겨울 왕국'
한국일보
식수마저 바닥… 겨울 가뭄에 목탄다

경인일보 2018년 4월 13일(금)
남양주먹골배 340ha 저온피해
지난 8~9일 개화중 영하로 '뚝'
문화일보 2018년 4월 18일(수)
이상저온 현상에 농작물 피해 눈덩이
– "가을 수확기가 두렵다"
경향신문 2018년 5월 3일(목)
5월의 우박… 깜짝 놀란 서울

6월 7월 8월 10월 12월

짧은 장마

폭염, 집중호우 ※ 태풍(솔릭)

기온↓, 강수량 多 ※ 태풍(콩레이)

큰 기온 변동

세계일보 2018년 7월 31일(화)
'대프리카' 더위 뛰어넘는 '서프리카'
東亞日報 2018년 8월 2일(목)
"문 밖 나서면 숨막혀…
바람 불면 화염방사기 맞는것 같아"
국민일보 2018년 8월 2일(목)
홍천 41.0 서울 39.6도 '미친 폭염'

한국경제 2018년 10월 6일(토)
태풍 오늘 부산 상륙 –
남부 최대 500mm '물폭탄'
헤럴드경제 2018년 10월 6일(토)

헤럴드경제 2018년 12월 28일(금)
"칼바람에 귀가 떨어질 것 같아"
독감 걸린 학생
최근 2주간 5,800명

*출처: 이상기후보고서 2018(기상청 기후정보포털)

국제에너지기구(IEA)는 지구온도 상승 억제를 위한 시나리오를 세 가지로 설정하고 2050년까지 저탄소 달성방안을 제시하였다.

각 시나리오의 DS는 Degrees의 약자로 산업화 이전 대비 몇 ℃의 온도가 상승할지를 나타내는 것으로 아래 내용은 에너지경제연구원의 자료를 인용하였다.

(1) 6DS(기준안): 산업화 이전 대비 6℃ 상승 시나리오

세계 각국이 현재의 정책을 유지할 때 2050년까지 2013년 대비 화석연료

IEA 기후변화 시나리오

구분	6DS	4DS	2DS
정책 추이	현재의 정책 유지	온실가스 감축 강화	온실가스 감축 대폭 강화
온도상승 (산업화 이전 대비)	장기 5.5℃ 2100년까지 4℃	장기 4℃ 2100년까지 3℃	2100년까지 2℃
CO_2 누적 배출량 (2013~2050년)	1조 7,000억 CO_2톤	-	1조 CO2톤

*출처: 세계 저탄소 경제 달성을 위한 주요 기술적 방안 및 시사점(에너지경제연구원)

연소 온실가스 배출량이 60% 증가, 지구 온도가 2100년까지 4℃ 상승, 장기적으로는 5.5℃까지 상승하는 시나리오.

2050년까지 누적 이산화탄소 배출량은 1조 7,000억 CO_2톤에 이르는 경우임.

(2) 4DS(감축 강화안): 산업화 이전 대비 4℃ 상승 시나리오

온실가스 감축과 에너지 효율 rots을 강화하는 경우로서 지구 온도를 2100년까지 3℃, 장기적으로는 4℃까지 상승하는 시나리오.

(3) 2DS(2℃ 달성안): 산업화 이전 대비 2℃ 상승 시나리오

2050년까지 2013년 대비 온실가스 배출량을 50% 이상 감소하여 21세기 후반에는 탄소중립 도달, 지구온도는 2100년까지 2℃ 상승, 2050년까지 누적 이산화탄소 배출량은 1조 CO_2톤 규모로 제한하는 시나리오.

온실가스 배출량은 감소는 경제성장과 에너지 수요의 탈동조화, 에너지수요와 온실가스 배출량의 탈동조화를 통해 달성되는 것으로 가정했다.

[첨부 4] 태양광 발전 특허 리스트

No	발명의 명칭	등록번호 등록일	출원인명
1	수상 태양광 발전 구조체	10-2117305 2020-05-26	쏠에코 주식회사
2	영농용 태양광 발전 구조체	10-2117322 2020-05-26	쏠에코 주식회사
3	태양광 발전 구조체	10-2117303 2020-05-26	쏠에코 주식회사
4	태양광 발전 기능이 구비된 방음벽	10-2115560 2020-05-20	임성수
5	햇빛전구와 반사판을 이용하는 양면태양광 모듈 발전기와 그 발전방법	10-2115394 2020-05-20	권용준
6	태양광 발전모듈 지지장치 및 그 시공 방법	10-2115654 2020-05-20	메가솔라(주)
7	수산물 양식 및 태양광 발전 복합단지	10-2115705 2020-05-20	강명원
8	저저항 멀티열선 태양광 발전 발열시스템 구현방법 및 그 태양광 발전 발열시스템	10-2115264 2020-05-20	김동우, 김세영
9	매립지 등의 부등침하 대비 가능한 태양광 발전장치	10-2114255 2020-05-18	주식회사 케이에프에너지
10	집광형 태양광 발전 모듈들을 위한 태양 전지 어레이들	10-113070 2020-05-14	생-어거스틴 캐나다 일렉트릭 아이엔씨.
11	누설전류 및 누설구간 검출이 가능한 태양광 발전 시스템	10-2112562 2020-05-13	주식회사 케이디파워
12	태양 전지 패널을 포함하는 지붕재를 포함하는 태양광 발전 시스템	10-2111281 2020-05-11	유한회사 중앙강재
13	태양광 발전 설비	10-108220 2020-04-29	주식회사 아이엔오기술
14	BIPV 및 PV 하이브리드 태양광 발전 시스템	10-105901 2020-04-23	(주)네프

No	발명의 명칭	등록번호 등록일	출원인명
15	반잠수식 수상태양광 발전장치	10-2105173 2020-04-21	주식회사 선광코리아
16	공기정화 기능이 구비된 태양광 발전 가로등	10-104395 2020-04-20	송인선
17	온도조절 기능을 가진 태양광 발전장치	10-103350 2020-04-16	김성권
18	가로등 연계형 태양광 발전시스템	10-100481 2020-04-07	금수티아이 주식회사
19	차량 성능 테스트 및 태양광 발전 겸용 테스트베드 트랙	10-099552 2020-04-03	강소연
20	태양광 발전 장치용 인버터의 하우징 구조체	10-098925 2020-04-02	조윤숙
21	지붕설치형 태양광 발전시스템	10-098026 2020-04-01	박두현
22	ESS 내장 태양광 발전 시스템	10-096929 2020-03-30	한보경
23	수상 태양광 발전의 태양광 단위모듈용 탄소섬유 연결재의 제조방법 및 그를 이용한 탄소섬유 연결재	10-2097139 2020-03-30	더앤드컴퍼니유한회사
24	태양광 발전용 패턴 글래스 제조방법	10-2096546 2020-03-27	서상원
25	태양광 발전기	10-2095442 2020-03-25	장영철
26	태양광 발전시스템	10-2093313 2020-03-19	주식회사 더블유쏠라
27	수위차를 이용한 냉각 시스템이 구비된 수상 태양광 발전 시스템	10-2093501 2020-03-19	한국수력원자력 주식회사
28	미래의 기상 예보 데이터를 이용하지 않는 기계학습 기반의 태양광 발전량 예측 장치 및 방법	10-092860 2020-03-18	인천대학교 산학협력단

No	발명의 명칭	등록번호 등록일	출원인명
29	태양광 발전 시설의 태양광 패널 지지 구조물	10-089906 2020-03-10	유성우
30	태양열 난방 시스템의 가림막 태양광 발전 장치	10-2088791 2020-03-09	극동에너지 주식회사
31	외벽 부착형 태양광 발전 시스템	10-2088831 2020-03-09	박지용
32	태양광 발전 수배전반 시스템	10-088056 2020-03-05	남정덕
33	태양광 발전식 볼라드	10-2085740 2020-03-02	주식회사 케이지테크
34	태양광 발전용 해상부유구조물	10-2085864 2020-03-02	주식회사 오션스페이스
35	건물일체형 태양광 발전 지붕 및 이의 시공 방법	10-2085947 2020-03-02	주식회사 다온테크닉스
36	머신러닝기반 태양광 발전운영 관리방법	10-2084784 2020-02-27	주식회사 아이팔
37	머신러닝기반 태양광 발전운영 관리시스템	10-2084783 2020-02-27	주식회사 아이팔
38	태양광 발전용 블라인드가 구비된 창호	10-2083059 2020-02-24	(주)엘지하우시스
39	QR코드를 이용한 태양광 발전장치 관리시스템 및 그 방법	10-2082152 2020-02-21	주식회사 코텍에너지
40	가스를 이용한 소화시스템이 구비된 태양광 발전시스템 및 그 방법	10-2082148 2020-02-21	주식회사 코텍에너지
41	태양광 발전 및 태양열 집열 복합 시스템	10-2081890 2020-02-20	한국건설기술연구원
42	영농형 태양광 발전 시스템	10-2081688 2020-02-20	주식회사 가이아에너지
43	수상 태양광 발전구조물의 이동장치 및 이동 방법	10-2082052 2020-02-20	포스코에너지 주식회사

No	발명의 명칭	등록번호 등록일	출원인명
44	건물 일체형 태양광 발전 지붕 및 그 시공 방법	10-2081060 2020-02-19	주식회사 일강케이스판
45	일체형 태양광 가로등의 발전 및 전력 공급 향상 시스템	10-2081144 2020-02-19	(주)국제정공
46	경작지용 풍력 및 태양광 하이브리드 발전 장치	10-2079713 2020-02-14	이희곤
47	태양광 발전 설비의 실시간 고장 알림 시스템 및 그 방법	10-2079364 2020-02-13	주식회사 한국이알이시
48	농사용 태양광 발전장치	10-2077549 2020-02-10	지꺼정 농업회사법인 주식회사
49	고장 검출부를 구비한 태양광 발전 시스템	10-2076978 2020-02-07	한국건설기술연구원
50	수상 태양광 발전 장치	10-2076628 2020-02-06	주식회사 네모이엔지
51	내진 기능을 가진 건물 일체형 태양광 발전 지붕 및 그 시공 방법	10-2076511 2020-02-06	주식회사 일강케이스판
52	태양광 발전모듈용 지지구조물	10-2074793 2020-02-03	박길수
53	집광형 태양광 발전 모듈들을 위한 태양 전지 어레이들	10-2074775 2020-02-03	생-어거스틴 캐나다 일렉트릭 아이엔씨.
54	분해조립이 용이하고 단열기밀이 우수한 빌딩일체형 태양광 발전 창호시스템	10-2072975 2020-01-29	문수용
55	수상태양광 발전장치	10-2072553 2020-01-28	송영철
56	태양광 추적식 회전형 발전소	10-2071669 2020-01-22	주식회사 케이에스비
57	경작지의 태양광 발전장치	10-2070989 2020-01-21	주식회사 부광솔라
58	부유식 전력공급선을 이용한 수상태양광 발전 시스템	10-2068022 2020-01-14	한국수력원자력 주식회사

No	발명의 명칭	등록번호 등록일	출원인명
59	선박용 태양광 발전장치	10-2066452 2020-01-09	주식회사 미래중공업
60	태양광 발전소의 데이터 분석 방법 및 시스템	10-2065443 2020-01-07	주식회사 아이온커뮤니케이션즈
61	태양광 발전 안전진단 통보 시스템	10-2064738 2020-01-06	주식회사 쏠라위즈
62	태양광 발전 통합 모니터링 시스템	10-2064256 2020-01-03	두성기술주식회사
63	부유안정성이 향상된 수상 태양광 발전 시스템	10-2061034 2019-12-24	한국수력원자력 주식회사
64	태양광 모듈의 냉각 및 풍압 저감 구조가 적용된 수상 태양광 발전 시스템	10-2061033 2019-12-24	한국수력원자력 주식회사
65	보호 서포트를 구비하는 수상 태양광 발전장치 시스템	10-2061032 2019-12-24	한국수력원자력 주식회사
66	수상 태양광 발전 장치의 계류선 이물질 제거 시스템	10-2061029 2019-12-24	한국수력원자력 주식회사
67	양수 발전 시스템을 적용한 수상 태양광 발전장치의 냉각 시스템	10-2061023 2019-12-24	한국수력원자력 주식회사
68	태양광 발전 기능이 구비된 LED 볼라드	10-2060497 2019-12-23	한국산재장애인협회(주)
69	우수한 발전효율과 안전성을 겸비하는 태양광패널용 설치구조물	10-2060124 2019-12-20	이성원
70	연약지반에 높낮이 조절이 가능한 태양광 발전 구조물의 시공 방법	10-2058107 2019-12-16	주식회사 혜민전력, 최범휘
71	태양광 발전을 이용한 녹조방지장치 및 그 방법	10-2058078 2019-12-16	박양균, 인지전기공업 주식회사, 주식회사 율성이엔씨
72	태양광 발전시설 조류퇴치장치용 와이어 지지대	10-2056306 2019-12-10	주식회사 그린탑
73	태양광 발전량 예측 시스템 및 이를 포함하는 태양광 발전 장치	10-2054163 2019-12-04	이에스솔라 주식회사

No	발명의 명칭	등록번호 등록일	출원인명
74	베란다 태양광 발전장치	10-2052695 2019-11-29	(주)영창에너지, 김경록
75	수상태양광 발전 부력체용 연결핀	10-2047948 2019-11-18	(주)테크윈, 주식회사 테크윈에너지
76	방수재가 내장된 내진형 태양광 발전장치	10-2046981 2019-11-14	(주)한국이엔씨
77	태양광 발전 모듈 지지장치 및 태양광 발전 모듈 지지장치의 시공방법	10-2047040 2019-11-14	주식회사 이스온
78	태양광 발전장치의 보안 시스템 및 그 시스템의 관제 방법	10-2044217 2019-11-07	이에스솔라 주식회사
79	태양광 발전 및 수질 정화 겸용 장치	10-2042512 2019-11-04	강형석, 전인권
80	계통연계형 태양광 발전장치의 무선 감지시스템	10-2042964 2019-11-04	김영진, 박동식
81	사용자의 미끄러짐을 방지하는 장치 및 이를 포함하는 태양광 발전 시스템	10-2038902 2019-10-25	박기환, 이준석
82	태양광 발전시스템의 단선 및 불량 검출 장치	10-2039078 2019-10-25	주식회사 더블유피
83	영농형 태양광 발전구조물 및 이를 포함하는 영농형 태양광 발전시스템	10-2038530 2019-10-24	주식회사 모든솔라
84	태양광과 풍력과 수력을 이용하는 복합 발전기	10-2038017 2019-10-23	박진규
85	수상 태양광 발전용 부유체를 이용한 중앙집중식 태양광 발전소	10-2036831 2019-10-21	주식회사 케이에스비
86	에너지 저장장치를 구비하는 태양광 발전 시스템	10-2036833 2019-10-21	주식회사 케이에스비
87	태양광 발전장치용 인버터 설치구조물	10-2033875 2019-10-11	문상호
88	세척 및 냉각 기능이 구비된 태양광 발전 시스템	10-2032240 2019-10-08	(주)썬코리아에너지
89	방수 및 지진 감시 진단 기능을 가지는 내진 태양광 발전장치	10-2031266 2019-10-04	(주)한국이엔씨

No	발명의 명칭	등록번호 등록일	출원인명
90	태양광 발전시스템과 에스피이를 이용한 수소제조 장치	10-2031252 2019-10-04	주식회사 케이에스비
91	태양광 발전량 모니터링 시스템	10-2030925 2019-10-02	경성대학교 산학협력단
92	태양광 발전시설물을 지붕 패널에 고정할 수 있도록 하는 고정 유닛 제조방법 및 그로써 제조된 고정 유닛	10-2030314 2019-10-01	박경석
93	태양광 발전 및 조명 기능을 제공하는 블라인드	10-028860 2019-09-27	세종대학교산학협력단
94	태양광 발전용 태양전지 패널	10-2026975 2019-09-24	유성운
95	태양광 발전용 무인 단선 검출 시스템	10-2026853 2019-09-24	주식회사 더블유피
96	태양광 발전소 역모델링을 통한 일사량 추정 방법	10-2026014 2019-09-20	정재원
97	태양광 발전 시스템	10-2025748 2019-09-20	송영철
98	태양광 발전을 갖는 개조 구조물	10-2024885 2019-09-18	동병길
99	사물인터넷을 이용한 태양광 발전장치의 고장진단시스템 및 그 방법	10-2023465 2019-09-16	강남욱
100	기상 데이터를 분석하여 효율을 향상시킨 태양광 발전 시스템	10-2023467 2019-09-16	강남욱
101	화재발생 예측 기능을 갖는 태양광 발전 시스템	10-2021927 2019-09-09	(주)신호엔지니어링
102	태양광 발전 시스템	10-2021924 2019-09-09	(주)신호엔지니어링
103	태양광 발전장치의 화재예방시스템	10-2021913 2019-09-09	(주)신호엔지니어링
104	태양광 발전시스템	10-2022178 2019-09-09	권병운

No	발명의 명칭	등록번호 등록일	출원인명
105	발전량 추세분석을 통한 태양광 발전 진단 장치	10-2020567 2019-09-04	(주)대은
106	태양광 발전 장치용 기초 보강 구조물	10-2020054 2019-09-03	주식회사 케이에스비
107	수상태양광 발전 부력체용 연결핀	10-2017298 2019-08-27	(주)테크윈, 주식회사 테크윈에너지
108	수상태양광 발전 부력체용 연결핀	10-2017297 2019-08-27	(주)테크윈, 주식회사 테크윈에너지
109	수상태양광 발전용 부유 구조물	10-2017295 2019-08-27	(주)테크윈, 주식회사 테크윈에너지
110	추적식 태양광 발전시스템 제어방법	10-2016951 2019-08-27	엑시아 컴퍼니 리미티드
111	태양광 발전소 모니터링시스템	10-2016052 2019-08-23	주식회사 케이에스비
112	태양광 발전 기능을 갖는 비닐하우스형 경사 염전	10-2015952 2019-08-23	고영익
113	수상태양광 발전설비용 부유 장치의 부력체	10-2015595 2019-08-22	최동수
114	공중 와이어에 의한 태양광 발전 설비	10-2015696 2019-08-22	가부시키가이샤 후쿠나가 히로시 겐치쿠 겐큐쇼
115	양식장용 수상 태양광 발전장치	10-2014832 2019-08-21	구상철, 방관수, 오성준
116	태양광 발전 일체형 이중 창호 시스템	10-2014864 2019-08-21	한국건설기술연구원
117	태양광 발전 모듈 설치대	10-2013948 2019-08-19	이원석, 이정훈
118	빗물 활용한 영농 태양광 발전장치	10-2012598 2019-08-13	이선호
119	자바라 타입의 접이식 태양광 발전 장치	10-2012027 2019-08-12	(주)대율전기
120	풍력 복합 수상 지주 교량형식 태양광 발전 시스템	10-2010768 2019-08-08	이점식

No	발명의 명칭	등록번호 등록일	출원인명
121	수상태양광 발전 부력체용 연결핀	10-2009367 2019-08-05	주식회사 아인스머티리얼즈
122	산화갈륨패시베이션층이 삽입된 고효율양면투광형CIGS계태양전지와 그 제조방법 및 이를 적용한 건물일체형 태양광 발전모듈과 탠덤태양전지	10-009308 2019-08-05	한국에너지기술연구원
123	드론을 이용한 태양광 발전소 건설부지의 일사량 계산 방법	10-2008017 2019-07-31	전주비전대학교산학협력단, 주식회사 금강이엔지
124	수상 태양광 발전 구조체 및 그의 조립체	10-2006153 2019-07-26	주식회사 제이에너지
125	수상 태양광 발전 구조체의 조립체	10-2006119 2019-07-25	주식회사 제이에너지, 지에스건설 주식회사
126	내파성 구조방식을 이용한 해상 태양광 발전용 구조체	10-2005924 2019-07-25	에프엔에스솔루션 주식회사
127	태양광의 최적 집광이 가능한 태양광 발전장치	10-2004191 2019-07-22	주식회사 이멕스
128	영농형 태양광 발전 예측시스템 및 이를 이용한 발전량 및 수익 예측 방법	10-2002548 2019-07-16	한국남동발전 주식회사
129	태양광 발전장치 설치용 스크류파일	10-2002065 2019-07-15	주식회사 에코전력
130	면진구조가 적용된 태양광 발전시스템	10-2001860 2019-07-15	(주)가람이앤씨
131	태양광 발전 시스템 및 태양광 발전 시스템의 최대 전력점 추적 방법	10-2002106 2019-07-15	공주대학교 산학협력단
132	농가 태양광 발전 시스템	10-2001637 2019-07-12	(주)에이치에스쏠라에너지
133	농축산지역기반 태양광 발전장치	10-2001242 2019-07-11	주식회사 선광코리아
134	펠티에 소자를 이용한 태양광 발전 접속반 다이오드 모듈 방열 모듈	10-2001029 2019-07-11	(주)동천기공
135	건물 설치형 태양광 발전 설비	10-2000761 2019-07-10	넥셀시스템(주)

No	발명의 명칭	등록번호 등록일	출원인명
136	발전효율이 향상된 태양광 발전형 롤 블라인드	10-1999685 2019-07-08	조용수
137	태양광 발전 시스템	10-1999578 2019-07-08	(주)에이치에스쏠라에너지
138	결합형 케이블 덕트 프레임을 이용한 태양광 발전장치 시스템	10-1998197 2019-07-03	(주)효성에너지
139	태양광의 입사각 정보에 기반한 능동형 태양광 발전 시스템	10-1997853 2019-07-02	지꺼정 농업회사법인 주식회사
140	태양광 발전을 위한 보도 및 자전거로 겸용 고강도 복합 블록 및 이를 이용한 블록 구조물의 시공 방법	10-1995962 2019-06-27	동산콘크리트산업(주)
141	태양광 발전을 위한 보도 및 자전거로 겸용 복합 블록 및 이를 이용한 블록 구조물의 시공 방법	10-1995961 2019-06-27	동산콘크리트산업(주)
142	태양광열 발전용 PVT 복합패널	10-1993659 2019-06-21	(주)이맥스시스템
143	태양광 발전장치의 관리방법	10-1993653 2019-06-21	박동철, 범일전기 주식회사
144	주택 보급용 태양광 발전의 활동분석 시스템 및 이를 이용한 서비스 방법	10-1993850 2019-06-21	주식회사 엑스피아, 주식회사 한국에너지산업
145	태양광 발전 엘이디 가로등	10-1993580 2019-06-20	(주)국제정공
146	태양광 발전 기능을 구비한 선박 인양기	10-1991204 2019-06-13	강동길
147	태양광 발전 겸용 조립식 자연채광 외장 모듈 및 구조체	10-1988345 2019-06-05	김길수
148	접속저항의 변화 감지기능을 구비한 태양광 발전 시스템	10-1987047 2019-06-03	영동테크윈 주식회사
149	기초 철근 보강용 구조체를 접목한 태양광 발전장치	10-1985218 2019-05-28	이에스솔라 주식회사
150	재난사태 대비용 태양광 발전장치	10-1985268 2019-05-28	박동철, 범일전기 주식회사

No	발명의 명칭	등록번호 등록일	출원인명
151	추적식 태양광 발전시스템 및 제어방법	10-1984650 2019-05-27	엑시아 컴퍼니 리미티드
152	지붕용 태양광 발전 구조물 및 이의 시공 방법	10-1982769 2019-05-21	주식회사 대동솔라
153	무선 단말기와 이를 포함하는 태양광 발전 시스템	10-1982283 2019-05-20	엘에스일렉트릭(주)
154	태양광 발전 전기 설비의 자동 소화 시스템 및 그 제어 방법	10-1980690 2019-05-15	(주)서울전업공사, 박길호, 어종선, 주식회사 이엑스쏠라
155	태양광 발전 시스템	10-1980456 2019-05-14	도요타지도샤가부시키가이샤
156	태양광 발전장치	10-1978912 2019-05-09	강희복, 서상달, 이종식
157	기존 도로를 이용한 태양광 발전패널과 이의 시공방법	10-1977865 2019-05-07	(주)유니온
158	태양광 발전 시스템	10-1977318 2019-05-03	(주)신호엔지니어링
159	구조체 배열을 이용한 무손실 대면적 태양광 발전 시스템 및 그 제조 방법	10-1976918 2019-05-02	한국과학기술원
160	태양광 발전 시뮬레이션 장치 및 방법	10-1974041 2019-04-24	강문식
161	태양광 발전 모듈 수납 케이스	10-1973397 2019-04-23	한국건설기술연구원
162	태양광 발전형 롤 블라인드	10-1972780 2019-04-22	조용수
163	각도조절 가능한 태양광 발전 패널을 갖추고 탈부착이 용이한 접철식 태양광 발전 구조물	10-1973046 2019-04-22	장규화
164	지상철 교각에 설치된 태양광 발전모듈을 이용한 태양광 발전시스템	10-1971729 2019-04-17	김태진
165	수중 부력을 이용한 수상 태양광 발전장치	10-1970640 2019-04-15	임성만

No	발명의 명칭	등록번호 등록일	출원인명
166	수상 태양광 부유구조물의 발전효율을 높이기 위한 일광추적 계류장치 및 이를 이용한 계류방법	10-1970405 2019-04-12	주식회사 포스코건설
167	발전부산물 함유 건물일체형 태양광 모듈 및 그 제조방법	10-1969823 2019-04-11	(주)승화기술정책연구소, 한국남동발전 주식회사
168	태양광 발전설비를 지원하는 서비스를 제공하는 방법 및 시스템	10-1969260 2019-04-09	(재)한국에너지재단
169	태양 전지 모듈 및 이를 포함하는 태양광 발전 장치	10-1969033 2019-04-09	엘지전자 주식회사
170	태양광모듈을 활용한 태양광 발전 온실	10-1968095 2019-04-05	주식회사 선우시스
171	태양광 발전 데이터 수집 장치	10-1965820 2019-03-29	엘에스일렉트릭(주)
172	태양광 발전부를 이용한 저온창고	10-1964943 2019-03-27	에스와이 주식회사
173	태양광 발전 보조동력을 이용한 하이브리드형 오토바이	10-1964950 2019-03-27	에스와이 주식회사
174	태양광 발전 설비를 적용한 양지식물 재배시설과 이의 운용방법 및 식물재배용 태양광 시스템	10-1963764 2019-03-25	한국에너지기술연구원
175	태양광 발전량 예측 장치 및 그 방법	10-1963343 2019-03-22	주식회사 인코어드 테크놀로지스
176	태양광 발전 장치	10-1962329 2019-03-20	엘에스일렉트릭(주)
177	건물 일체형 태양광 발전 지붕 시스템 및 이의 시공방법	10-1959075 2019-03-11	스카이패널 주식회사
178	머신러닝 기반 태양광 발전 제어 시스템 및 방법	10-1958941 2019-03-11	주식회사 나눔에너지
179	태양광 발전 밸런싱 제어 시스템 및 방법	10-1958474 2019-03-08	주식회사 나눔에너지
180	바이패스 다이오드가 구비된 고효율 태양광 발전용 루버 시스템	10-1958432 2019-03-08	(주)에스케이솔라에너지, 전현수

No	발명의 명칭	등록번호 등록일	출원인명
181	태양광 발전 시스템	10-1957197 2019-03-06	엘에스일렉트릭(주)
182	전기요금 누진제를 고려한 주택용 태양광 발전 제어장치	10-1956791 2019-03-05	주식회사 주빅스
183	다수의 압력센서와 레벨센서 기반의 위치 보정 기능을 구비한 부유식 수상 태양광 발전용 계류장치	10-1956858 2019-03-05	한국스마트에너지기술 주식회사
184	누설 전류 제한 기능을 구비한 태양광 발전 시스템	10-1956664 2019-03-05	(주)비젼테크
185	폭기 장치 및 이를 구비한 태양광 발전 장치	10-1954931 2019-02-27	에이피에너지 주식회사
186	태양광 발전용 접속반	10-1954411 2019-02-26	주식회사 더조은에너지
187	태양 전지 모듈 및 이를 포함하는 태양광 전 장치	10-1954196 2019-02-26	엘지전자 주식회사
188	발전부산물 함유 건물일체형 태양광 모듈	10-1952619 2019-02-21	(주)승화기술정책연구소, 한국남동발전 주식회사
189	태양광 발전 장치의 데이터 수집 장치	10-1950456 2019-02-14	엘에스일렉트릭(주)
190	태양광 발전 시스템	10-1950445 2019-02-14	엘에스일렉트릭(주)
191	캠핑이 가능한 차량용 태양광 발전장치	10-1950142 2019-02-13	이미선
192	태양광 발전이 가능한 루프랙 조립체	10-1950025 2019-02-13	(주)천일염업사
193	IoT를 이용한 태양광 발전용 접속반	10-1949463 2019-02-12	주식회사 더조은에너지
194	태양광 및 태양열을 이용하는 발전기	10-1948880 2019-02-11	김태호, 박진규
195	유기태양전지 모듈 및 이를 구비한 건물일체형 태양광 발전 모듈	10-1948994 2019-02-11	코오롱인더스트리 주식회사

No	발명의 명칭	등록번호 등록일	출원인명
196	유기태양전지 모듈 및 이를 구비한 건물일체형 태양광 발전 모듈	10-1948993 2019-02-11	코오롱인더스트리 주식회사
197	태양광 발전 전력 접속반	10-1947971 2019-02-07	천수길
198	태양광 발전 시스템의 설계, 기획 방법 및 이를 실행하기 위한 프로그램을 기록한 컴퓨터로 읽을 수 있는 기록매체	10-1947868 2019-02-07	이지선
199	태양광 발전소의 운전관리 시스템 및 그 방법	10-1947508 2019-02-07	주식회사 레즐러, 주식회사 레즐러플러스
200	태양광 발전장치용 연약지반 스파이럴 장치	10-1946568 2019-01-31	(주)건국
201	주파수검출 정확도 개선을 위한 단상 태양광 발전 시스템의 위상동기화 방법	10-1946308 2019-01-31	공주대학교 산학협력단
202	회전부유식 태양광 발전장치	10-1946214 2019-01-30	이도익
203	수상형 태양광 발전기	10-1946213 2019-01-30	이도익
204	수상 태양광 발전장치	10-1946212 2019-01-30	이도익
205	태양전지를 활용한 태양광 발전 온실	10-1945916 2019-01-30	이도익
206	제진 시스템을 포함하는 태양광 발전장치	10-1945303 2019-01-29	최진민
207	태양광 발전시스템	10-1945478 2019-01-29	(유)강남에너지산업
208	에너지 저장 장치와 태양광 발전을 이용한 전력 공급 제어 시스템 및 방법	10-1945501 2019-01-29	주식회사 광명전기
209	풍력 또는 태양광 발전을 이용한 차량용 환기장치	10-1944516 2019-01-25	김호영
210	현장 고장 진단이 가능한 이동형 태양광 발전설비 고장 진단시스템	10-1942806 2019-01-22	(주)유에너지

No	발명의 명칭	등록번호 등록일	출원인명
211	아크 검출 장치 및 이를 구비한 태양광 발전 시스템과 에너지 저장 시스템	10-1941184 2019-01-16	주식회사 에너솔라
212	태양광과 태양열을 이용한 복합 발전 시스템	10-1940805 2019-01-15	김춘동
213	아크 검출 기능을 구비한 태양광 발전 에너지 옵티마이저	10-1939541 2019-01-10	주식회사 대경산전
214	태양광 발전 시스템의 발전성능 추정 장치 및 방법	10-1939167 2019-01-10	한국에너지기술연구원
215	지능형 안전 사고 예방 태양광 발전 시스템	10-1938382 2019-01-08	(주)세명이앤씨
216	롤스크린 타입 태양광 발전장치	10-1936801 2019-01-03	주식회사 한우리이엔지
217	태양광 발전장치의 전선덕트 일체형 프로파일 구조물	10-1935476 2018-12-28	(주)제이에이치에너지
218	직류계통 비접촉 전원을 이용한 지락 검출 장치 및 이를 구비한 태양광 발전 시스템	10-1933380 2018-12-21	주식회사 케이디파워
219	수상 태양광 발전장치	10-1933824 2018-12-21	민병로, 홍성민
220	태양광 발전시설의 지지장치 및 그 시공방법	10-1930758 2018-12-13	주식회사 해드림
221	태양광 발전이 가능한 방음벽	10-1931021 2018-12-13	이재식
222	태양광 발전장치용 접속반	10-1931065 2018-12-13	주식회사 해전쏠라
223	반사판을 이용한 태양광 발전장치	10-1929786 2018-12-11	김종국, 김주동
224	태양광 발전시스템	10-1929974 2018-12-11	(주)금성계전
225	태양광 발전모듈루버를 구비한 전동 루버창호	10-1929719 2018-12-10	정준석
226	건물 일체형 태양광 발전 지붕 시스템 및 이의 시공방법	10-1928534 2018-12-06	스카이패널 주식회사

No	발명의 명칭	등록번호 등록일	출원인명
227	ESS 배터리를 이용한 태양광 발전시스템	10-1927780 2018-12-05	엄정석, 주식회사 에이치엔에이치
228	복층 와이어 프레임형 태양광 발전 시스템	10-1926239 2018-11-30	소진, 이재복
229	산사태 방지 기능이 구비된 태양광 발전 장치	10-1923544 2018-11-23	주식회사 와텍
230	밸러스트탱크를 이용한 각도 조절 기능이 구비된 수상 태양광 발전 장치	10-1923543 2018-11-23	주식회사 와텍
231	미세 추적 기능이 구비된 수상 태양광 발전 장치	10-1923542 2018-11-23	주식회사 와텍
232	태양광 발전장치	10-1923681 2018-11-23	주식회사 케이디파워솔루션
233	프로젝트 개폐방식의 BIPV형 모듈이 적용된 태양광 발전시스템용 창문	10-1922890 2018-11-22	주식회사 부력에너지, 주식회사 현진
234	태양광 및 열전소자 융합 발전 난방 시스템	10-1922969 2018-11-22	주식회사 디케이
235	태양광 발전장치	10-1921831 2018-11-19	문충모
236	직류 누설전류 검출 장치를 구비한 태양광 발전 시스템	10-1920275 2018-11-14	이우식
237	태양광 발전기	10-1920498 2018-11-14	권용준
238	부유체 및 이를 이용한 수상 부유식 태양광 발전장치	10-1920056 2018-11-13	(주)오케이바이오, 이정구
239	태양광 발전 지지구조물용 브라켓	10-1919834 2018-11-13	(주)탑인프라
240	태양광을 이용한 발전장치	10-1918153 2018-11-07	김동완
241	경사지 태양광 발전 구조물 지지 장치	10-1917846 2018-11-06	주식회사 빛날에너지
242	다이오드 모듈 방열판 온도 및 순방향 전압 검출을 통한 다이오드 모듈 상태 검출 시스템을 갖춘 태양광 발전 시스템	10-1914601 2018-10-29	(주)동천기공, 이지희

No	발명의 명칭	등록번호 등록일	출원인명
243	화재예방 및 차단기능을 활용한 지능형 태양광 발전 시스템	10-1913546 2018-10-24	세종솔젠텍(주)
244	양면 수광형 태양광 발전장치	10-1913242 2018-10-24	주식회사 한우리이엔지
245	에너지 자립형 공동주택에서의 분산형 태양광 발전에 대한 기술적·경제적·정책적 평가 시스템 및 방법	10-1911403 2018-10-18	연세대학교 산학협력단
246	태양광 발전설비를 구비한 에너지 절감형 온실장치	10-1910776 2018-10-16	김다혜
247	부유식 수상 태양광 발전용 계류장치	10-1910652 2018-10-16	한국스마트에너지기술 주식회사
248	영농형 태양광 발전시설의 설치용 조인트	10-1909857 2018-10-12	전현익
249	디지털 계량기의 고장 검출 장치 및 이를 포함하는 태양광 발전 시스템	10-1907988 2018-10-08	주식회사 대경산전
250	건축 외장용 태양광 발전 장치	10-1907638 2018-10-05	유한회사 아이엘에스
251	건물일체형 태양광 발전장치의 자동 환기장치 및 그 환기방법과 터치식 스마트 모니터링 제어 시스템	10-1905498 2018-10-01	(주)한신산업
252	풍력 발전기가 부설된 태양광 발전 가로등	10-1902810 2018-09-20	김태호, 박진규
253	수상 태양광 발전 구조체	10-1902964 2018-09-20	김재운, 주식회사 제이에너지
254	광섬유사를 이용한 태양광 발전 유니트 및 이를 적용한 발전 시스템	10-1902377 2018-09-19	배석만, 쇼빗야쿨 반딧
255	광섬유사를 이용한 태양 광 발전 유니트 및 이를 적용한 발전 시스템	10-1902376 2018-09-19	배석만, 쇼빗야쿨 반딧
256	광섬유사를 이용한 태양광 발전 유니트 및 이를 적용한 발전 시스템	10-1902375 2018-09-19	배석만, 쇼빗야쿨 반딧
257	광섬유사를 이용한 태양광 발전 유니트 및 이를 적용한 발전 시스템	10-1902374 2018-09-19	배석만, 쇼빗야쿨 반딧

No	발명의 명칭	등록번호 등록일	출원인명
258	수상 태양광 발전장치용 조류 접근 방지장치 및 이를 구비한 수상 태양광 발전장치	10-1899794 2018-09-12	조병한
259	집광식 태양광 발전 모듈	10-1899845 2018-09-12	주식회사 린피니티
260	태양광 발전이 가능한 지상철 교각	10-1899469 2018-09-11	김태진, 주식회사 라이트 제림
261	디지털 계량기의 동작 모니터링 장치 및 이를 포함하는 태양광 발전 시스템	10-1898928 2018-09-10	주식회사 대경산전
262	태양광 발전 방음패널 장치	10-1897908 2018-09-05	한재희
263	태양광 발전시설 부지 타당성 분석 시스템	10-1893340 2018-08-29	(재)한국에너지재단, 에너지코리아 주식회사
264	결로 예측 및 예방 기능을 구비한 태양광 발전 장치 및 이를 이용한 알림 방법	10-1894239 2018-08-28	주식회사 코텍에너지
265	수상 태양광 발전용 다기능 부력체 및 이를 이용한 수상 구조물 시스템	10-1892972 2018-08-23	김상천, 주식회사 코와스
266	수상 태양광 발전용 부력체 및 이를 이용한 수상 태양광 발전 시스템	10-1892970 2018-08-23	김상천, 주식회사 코와스
267	태양광 발전시스템의 태양전지 그룹 상호간 온도영향에 따른 냉각 제어장치	10-1891156 2018-08-17	(주)이레이티에스
268	일사량 추정을 위해 전천사진으로부터 운량을 계산하는 방법, 상기 계산한 운량을 이용한 태양광 발전량 예측 장치	10-1890673 2018-08-16	엘지전자 주식회사
269	태양광 발전 시스템의 아크 검출 장치 및 방법	10-1888932 2018-08-09	주식회사 에너솔라
270	태양광 발전모듈이 구비된 그랩	10-1887658 2018-08-06	김용규
271	건물 일체형 태양광 발전 지붕 시스템 및 이의 시공방법	10-1882661 2018-07-23	스카이패널 주식회사
272	안전감지 모니터링장치가 구비된 태양광 발전 시스템	10-1881337 2018-07-18	(주)성익에너지산업
273	태양광 및 풍력발전기를 이용한 다목적 벤치	10-1879597 2018-07-12	주식회사 아울하이텍

No	발명의 명칭	등록번호 등록일	출원인명
274	아크 종류와 위치 검출 및 열화 방지 기능을 구비한 태양광 발전 시스템	10-1879742 2018-07-12	주식회사 한국이알이시
275	태양광 발전시스템의 정상동작 여부 감시장치	10-1879260 2018-07-11	(주)이레이티에스
276	태양광 발전 모듈	10-1879336 2018-07-11	엘지전자 주식회사
277	전천사진으로부터 운량을 계산하는 방법, 그 계산한 운량을 이용하여 태양광 발전량을 예측하는 방법 및 그 방법을 이용하는 구름관측장치	10-1879332 2018-07-11	엘지전자 주식회사
278	태양광 발전 장치용 기초 보강 구조물	10-1879141 2018-07-10	나성환
279	유리 기재 적층체의 제조 방법, 광학 소자의 제조 방법, 광학 소자 및 집광형 태양광 발전 장치	10-1878646 2018-07-10	주식회사 쿠라레
280	계통 연계형 태양광 발전 장치 및 이의 구동 방법	10-1878669 2018-07-10	엘지전자 주식회사
281	수상 태양광 발전장치의 연결유닛	10-1878156 2018-07-09	주식회사 대경산전
282	안전사고 방지 태양광 발전시스템	10-1876339 2018-07-03	주식회사 에스지케이
283	열화 및 지진에 대한 안전사고 방지 태양광 발전시스템	10-1876340 2018-07-03	주식회사 에스지케이
284	태양광 발전 장치를 포함하는 에너지 저장 시스템 및 그 동작 방법	10-1875808 2018-07-02	배윤호
285	태양광 발전장치를 구비하는 해상 양식장	10-1875506 2018-07-02	동신산업(주)
286	발전 기능을 가지며 심미성이 증대된 복층 유리형 태양광 모듈	10-1874827 2018-06-29	(주)비제이파워
287	태양광 발전 접속반내 다이오드 모듈 방열판 온도 및 순방향 전압 검출을 통한 다이오드 모듈 상태 검출시스템	10-1874449 2018-06-28	(주)동천기공, 이지희

No	발명의 명칭	등록번호 등록일	출원인명
288	태양광 발전 모듈용 유리 기판의 제조 장치	10-1872270 2018-06-22	김대성, 김봉교
289	패턴을 형성하여 심미성과 발전량이 증대되는 태양광 모듈	10-1872004 2018-06-21	(주)비제이파워
290	영농형 태양광 발전시설의 설치용 모듈	10-1870374 2018-06-21	케이.엘.이.에스 주식회사, 한국남동발전 주식회사
291	태양광 발전용 인버터 보호 장치	10-1871154 2018-06-20	주식회사 대경산전
292	수질정화가 가능한 태양광 발전 시스템	10-1870396 2018-06-18	임용택
293	태양광 발전시스템 및 태양광 발전시스템의 고장진단방법	10-1870300 2018-06-18	한국에너지기술연구원
294	전력 제어와 배터리 상태 관리 시스템을 갖춘 에너지 절약형 태양광 발전 시스템	10-1868770 2018-06-11	이기현
295	태양광 모듈 스트링 사고예방을 위한 스트링 블록 디바이스가 구비된 태양광 발전 시스템용 접속반 및 이를 구비한 태양광 발전시스템	10-1868433 2018-06-11	한국산전(주)
296	잡음 전류 제거 기능을 갖는 직류 누설전류 검출 장치를 구비한 태양광 발전 시스템	10-1868488 2018-06-11	주식회사 코텍에너지
297	태양광 발전장치 및 이의 운전방법	10-1868350 2018-06-11	엘지전자 주식회사
298	벽체 설치형 태양광 발전장치	10-1868299 2018-06-08	어수호
299	베란다 태양광 발전장치	10-1868298 2018-06-08	어수호
300	수상용 태양광 발전장치의 계류시공장치	10-1867263 2018-06-06	주식회사 북극곰
301	태양광 발전용 스크류 파일 시공 장비 및 이를 이용한 스크류 파일 시공 방법	10-1864446 2018-05-29	주식회사 대동솔라
302	건물 일체형 태양광 발전 지붕 조립체 및 이의 시공방법	10-1864357 2018-05-29	스카이패널 주식회사

No	발명의 명칭	등록번호 등록일	출원인명
303	태양 전지 패널 및 태양광 발전 장치	10-1863773 2018-05-28	(주)온리정보통신
304	안전감시기능을 가지는 태양광 발전시스템	10-1860289 2018-05-15	(주)건국
305	발전 레퍼런스를 추종하는 태양광/ESS 장치의 에너지 관리 시스템 및 그 제어방법	10-1859939 2018-05-15	디아이케이(주)
306	태양광 발전설비 구조물	10-1859414 2018-05-14	주식회사 다온테크닉스
307	에너지 절약형 태양광 발전 시스템	10-1859352 2018-05-11	이기현
308	어류 건조 겸용 태양광 발전장치	10-1859171 2018-05-11	남재우, 유용중
309	태양광 발전을 이용한 스크롤링 광고장치	10-1856294 2018-05-02	서진수
310	태양광 발전량 예측 장치 및 방법	10-1856320 2018-05-02	한국과학기술원
311	자연 환기를 위한 건물 일체형 태양광 발전 지붕 구조체	10-1855254 2018-04-30	주식회사 일강케이스판
312	통풍 제어가 가능한 건물 일체형 태양광 발전 지붕 시스템	10-1855253 2018-04-30	(주)신성모듀라, 주식회사 일강케이스판
313	태양광 발전장치	10-1854651 2018-04-27	기승철
314	양면 태양광 모듈을 갖는 태양광 발전장치	10-1854452 2018-04-26	(주)한빛이노텍
315	양면형 태양광 발전장치	10-1854451 2018-04-26	(주)한빛이노텍
316	측면반사판이 구비된 태양광 발전장치	10-1854450 2018-04-26	(주)한빛이노텍
317	태양광 발전장치	10-1854449 2018-04-26	(주)한빛이노텍
318	농가소득 향상을 위한 복합 태양광 발전시스템	10-1853683 2018-04-25	주식회사 현진기업

No	발명의 명칭	등록번호 등록일	출원인명
319	화재 방지 기능을 갖는 태양광 발전 장치의 접속반	10-1853358 2018-04-24	원광전력주식회사
320	태양광 발전모듈루버를 구비한 루버창호	10-1853189 2018-04-23	정준석
321	유압 실린더를 이용한 각도 조절 기반 태양광 발전 장치, 그리고 이를 위한 제어 시스템 및 방법	10-1852327 2018-04-20	(주)이레이티에스
322	수상 태양광 발전 시스템에 적용 가능한 접지 장치	10-1852607 2018-04-20	주식회사 광명전기
323	태양광 발전을 이용하는 다목적 농업용 기계	10-1852018 2018-04-19	김동환
324	태양광 발전, 축전 및 절체 시스템, 그리고 이를 이용한 발전, 축전 및 절체 방법	10-1852161 2018-04-19	주식회사 혁신
325	방음터널에 설치가 용이한 태양광 발전장치 및 그 설치방법	10-1851657 2018-04-18	김정식, 진성산업 주식회사
326	태양광 발전용 부유구조물	10-1849936 2018-04-12	주식회사 혁신
327	태양광 발전용 부유구조물	10-1849935 2018-04-12	주식회사 혁신
328	태양광 발전소의 원격제어시스템 및 원격제어방법	10-1849527 2018-04-11	주식회사 하이솔루션
329	태양광 발전 장치 연계형 전력공급장치 및 그 동작방법	10-1849664 2018-04-11	(주)지필로스
330	반투명 CIGS 태양전지 및 이의 제조방법 및 이를 구비하는 건물일체형 태양광 발전 모듈	10-1848853 2018-04-09	한국에너지기술연구원
331	면진기능 및 제진기능을 갖는 태양광 발전 장치	10-1847402 2018-04-04	에이펙스인텍 주식회사
332	태양광 발전 설비의 시뮬레이션 시스템	10-1847346 2018-04-03	서정훈
333	친환경 수상 태양광 발전 구조물	10-1847148 2018-04-03	탑솔라(주)

No	발명의 명칭	등록번호 등록일	출원인명
334	태양광 발전용 인버터 보호 장치	10-1846257 2018-04-02	주식회사 대경산전
335	미니 태양광 발전시스템의 제어 방법 및 그 장치	10-1845166 2018-03-28	군산대학교산학협력단
336	연기 감지 신호의 리셋 기능을 가지는 태양광 발전 시스템의 화재 감지 장치 및 그 방법	10-1844241 2018-03-27	주식회사 코텍에너지
337	스마트 접속반을 이용한 태양광 발전 시스템	10-1844218 2018-03-27	보타리에너지 주식회사
338	원형 레일이 부착된 추적식 태양광 발전설비	10-1844539 2018-03-27	한국스마트에너지기술 주식회사
339	수상 태양광 발전 장치	10-1844040 2018-03-26	(주)유에너지, 강건민
340	태양광 발전 시스템의 역전력 차단을 위한 발전 제어 장치 및 그 방법	10-1843881 2018-03-26	주식회사 티에스이에스
341	인버터 유효전압 이하의 전력 재사용을 위한 태양광 발전시스템	10-1843552 2018-03-23	주식회사 썬웨이
342	구조 개선된 거멀 접이식 샌드위치 지붕 판넬 설치용 태양광 발전 시스템 고정장치	10-1842502 2018-03-21	주식회사 이멕스
343	모바일을 통한 태양광 발전시스템의 개별전류점검장치	10-1840004 2018-03-13	합자회사 광명전설
344	태양광 발전 종합 안전진단 관리 시스템	10-1839364 2018-03-12	(주)가람이앤씨
345	태양광 발전에서 안정적인 축전기 관리시스템 및 방법	10-1839128 2018-03-09	주식회사 일렉콤
346	수상 태양광 발전장치용 멀티룸 플로트 및 이를 구비한 수상 태양광 발전장치	10-1837608 2018-03-06	이종목
347	광학 부재, 이를 포함하는 태양광 발전장치 및 이의 제조방법	10-1836307 2018-03-02	엘지이노텍 주식회사
348	태양광 발전 발열시스템 및 그 태양광 발전 발열시스템 구현방법	10-1835489 2018-02-28	김동우, 김세영
349	판형 냉각장치를 구비한 태양광 발전 장치	10-1834741 2018-02-27	한국이미지시스템(주)

No	발명의 명칭	등록번호 등록일	출원인명
350	풍력 및 태양광 발전용 블록에 겸비된 주거 시설	10-1831577 2018-02-15	민승기
351	에어블럭이 구비된 태양광 발전장치	10-1828829 2018-02-07	주식회사 썬웨이
352	태양광 발전형 주차 설비	10-1825517 2018-01-30	삼중테크 주식회사
353	태양광 발전소 전기실의 환기팬 고장감시 시스템	10-1824223 2018-01-25	(주)탑인프라
354	스마트 센서를 이용하여 화재 확대 예방이 가능한 태양광 발전시스템	10-1822820 2018-01-23	세종솔젠텍(주)
355	IoT 기반 태양광 발전장치	10-1821576 2018-01-18	이순복
356	우주용 순환식 태양광 발전 장치	10-1821628 2018-01-18	한국에너지기술연구원
357	승압용 충전지를 구비한 태양광 발전용 인버터	10-1821495 2018-01-17	소치재
358	폐석산을 이용한 태양광 발전장치	10-1820449 2018-01-15	공종현, 주식회사 도시환경이엔지
359	전기 이중층 캐패시터, 또는 태양광 발전 장치	10-1819238 2018-01-10	가부시키가이샤 한도오따이 에네루기 켄큐쇼
360	제설 기능이 구비된 태양광 발전 시스템 및 이를 이용한 태양광 발전 방법	10-1819328 2018-01-10	주식회사 럭스코, 한국수자원공사
361	베란다 태양광 발전장치	10-1814585 2017-12-27	(주)현대파워솔라텍
362	분립 집광형 태양광 발전장치	10-1814342 2017-12-26	이재남
363	건물 외벽 일체형 태양광 발전장치	10-1813068 2017-12-21	(주)에이비엠
364	회전부유식 태양광 발전장치 및 이를 이용한 제어 시스템	10-1813053 2017-12-21	주식회사 와이이씨, 홍경식
365	식물재배 및 곤충사육을 위한 태양광 발전 컨테이너	10-1812211 2017-12-19	엄정일

No	발명의 명칭	등록번호 등록일	출원인명
366	태양광 발전을 이용한 통합형 전력관리 시스템	10-1811426 2017-12-15	문감사
367	근가를 이용한 태양광 발전 설비 시공방법	10-1811045 2017-12-14	정우진
368	태양전지를 활용한 태양광 발전 온실	10-1808117 2017-12-06	주식회사 선우시스
369	수상 부유식 태양광 발전 시스템	10-1807998 2017-12-05	조경록
370	수상형 태양광 발전기	10-1802795 2017-11-23	(주)삼원밀레니어
371	태양광 발전 모니터링 시스템을 위한 오류 보정 시스템 및 방법	10-1803056 2017-11-23	(주)대연씨앤아이
372	태양광 발전장치를 구비한 이동식 주택	10-1802642 2017-11-22	정한룡
373	태양광 발전 시스템용 누전 차단기 및 누전 차단 방법	10-1800364 2017-11-16	주식회사 에렐
374	발전 손실 보상 태양광 발전시스템	10-1799338 2017-11-14	에이펙스인텍 주식회사
375	태양광 발전시스템이 부설된 아치형 건축물의 지붕 구조	10-1796936 2017-11-07	권은경, 주식회사 엔비코아키텍쳐
376	태양광 발전장치와 에너지저장장치를 이용한 계통 연계형 최대수요전력 제어시스템	10-1795589 2017-11-02	(주)동보파워텍
377	태양광 발전기의 충·방전 제어 유닛 시스템	10-1794837 2017-11-01	세종솔젠텍(주)
378	안전 차단 기능을 구비한 태양광 발전 시스템	10-1794975 2017-11-01	(주)제이케이알에스티
379	태양광 발전시스템의 배선 고정장치	10-1794861 2017-11-01	안병준
380	태양광 발전을 이용한 수질 정화 장치	10-1794207 2017-10-31	주식회사 바이오플랜트, 주식회사 신성이엔지
381	수상 태양광 발전장치의 부력체유닛 계류 장치	10-1792742 2017-10-26	민혜정

No	발명의 명칭	등록번호 등록일	출원인명
382	태양광 발전장치 및 이의 제조방법	10-1792898 2017-10-26	엘지이노텍 주식회사
383	태양광 발전을 이용한 유도가열형 보일러 시스템	10-1791105 2017-10-23	한국생산기술연구원
384	수상 태양광 발전장치의 프레임 교차 연결용 브래킷 및 이를 구비한 수상 태양광 발전장치	10-1790280 2017-10-19	이종목
385	수상 부유식 태양광 발전 구조체	10-1787399 2017-10-12	김윤례, 표정운
386	태양광 발전 설비의 전기화재 예방 시스템	10-1787528 2017-10-12	주식회사 디케이
387	태양광 발전용 접속반의 능동형 퓨즈 단선 검출 장치	10-1787487 2017-10-12	주식회사 디케이
388	태양광 발전장치 및 태양광 발전장치의 제조 방법	10-1786162 2017-10-10	엘지이노텍 주식회사
389	태양광모듈 설치용 부유식 단위구조물을 이용한 수상 태양광 발전 구조물	10-1781691 2017-09-19	(주)아이시스이엔씨
390	비탈면에 설치되는 태양광 발전장치의 지주 조인트 어셈블리	10-1781064 2017-09-18	(주)영창에너지, 김경록
391	자동 태양 추적형 태양광 발전장치 및 이의 시공방법	10-1779902 2017-09-13	이우석
392	비대칭 길이를 갖는 경사부 접면부 일측에 개재용 돌출체가 형성된 거멀 접이식 샌드위치 지붕 판넬용 태양광 발전 시스템 고정 장치	10-1779865 2017-09-13	주식회사 이멕스
393	에너지 저장장치를 구비하는 태양광 발전 시스템 및 이의 운영방법	10-1777821 2017-09-06	주식회사 세이브에너지
394	태양광 발전 고장진단 원격감시 모니터링 시스템을 갖는 태양광 발전장치용 접속반.	10-1777195 2017-09-05	조선대학교산학협력단, 주식회사 엠알티
395	발전 효율이 증대된 태양광 및 풍력 발전 장치	10-1776573 2017-09-04	이별이, 이송이, 이재욱
396	태양광 증폭 발전 장치	10-1776086 2017-09-01	리처드, 오

No	발명의 명칭	등록번호 등록일	출원인명
397	태양광 발전 장치 연계형 전원공급시스템	10-1775957 2017-09-01	엘지전자 주식회사
398	부유식 태양광 발전 시스템	10-1775635 2017-08-31	주식회사 그린탑
399	태양광 발전장치와 에너지저장장치의 내진 구조	10-1774433 2017-08-29	(주)에프티에스코리아, 이앤에이치(주)
400	태양광 발전 감시 회로, 이를 이용한 태양광 발전 감시 방법 및 시스템	10-1774399 2017-08-29	현대엠시스템즈 주식회사
401	수상용 태양광 발전장치의 계류장치	10-1774008 2017-08-28	박병진, 정제평, 주식회사 북극곰
402	태양광 발전 기반 자립형 수문관리시스템 및 방법	10-1773078 2017-08-24	코리아이엔티 주식회사
403	수동 각도 가변형 태양광 발전장치 및 이의 시공방법	10-1772049 2017-08-22	(주)이유전력, 이우석
404	태양광 발전장치	10-1771553 2017-08-21	주식회사 에너솔라
405	태양광 발전 설비 장치	10-1770723 2017-08-17	에스제이주식회사
406	자연재해에 대응하는 구조를 갖춘 태양광 발전용 어레이	10-1770091 2017-08-14	주식회사 프로엔지니어링
407	다수 회로의 모듈 스트링별 태양광 발전장치의 사물인터넷 기반 제어 시스템	10-1769043 2017-08-10	이솔라텍 주식회사
408	태양광 종합 발전 시스템	10-1768093 2017-08-08	(주)해미래
409	태양광 발전이 가능한 보닛 차광막조립체	10-1767340 2017-08-04	(주)천일염업사
410	태양광 발전전력과 배터리 충방전 전력의 전력계통 연계운전을 위한 전력변환장치가 포함된 에너지저장 시스템	10-1766433 2017-08-02	지투파워(주)
411	해상용 태양광 발전장치	10-1765057 2017-07-31	박병진, 주식회사 북극곰

No	발명의 명칭	등록번호 등록일	출원인명
412	태양광 발전 기능을 구비한 방음장치	10-1764884 2017-07-28	코원(주)
413	태양광 발전 장치 연계형 전력공급장치 및 이의 제어 방법	10-1764651 2017-07-28	엘지전자 주식회사
414	수상 태양광 모듈 지지장치 및 이를 포함하는 수상 태양광 발전장치	10-1764542 201707-27	최정동
415	수냉식 태양광 발전장치가 구비된 돔하우스	10-1762660 2017-07-24	이재춘, 주식회사 농업회사법인 월드팜
416	태양광 발전장치가 구비된 돔하우스	10-1762659 2017-07-24	이재춘, 주식회사 농업회사법인 월드팜
417	가정용 태양광 발전 통합 정보 제공 시스템 및 방법	10-1762893 2017-07-24	스마트기술연구소(주)
418	집광형 태양광 발전 방법 및 시스템	10-1762921 2017-07-24	(재)한국나노기술원
419	머신 러닝을 이용한 태양광 발전량 실시간 예측 시스템	10-1761686 2017-07-20	(주)하모니앤유나이티드
420	집광 태양광 발전 시스템 제조방법	10-1760801 2017-07-18	상뜨르 나쇼날 드 라 러쉐르쉬 샹띠피끄, 엘렉트리씨트 드 프랑스
421	DC BUS 전력 발전효율향상과 리플저감 기능을 갖는 태양광 발전 시스템의 태양광 접속반	10-1759287 2017-07-12	주식회사 광명전기
422	태양광 발전 시스템	10-1757207 2017-07-06	주식회사 더블유쏠라
423	수상태양광 발전장치 부유 구조물 및 구조물간의 연결방법	10-1757206 2017-07-06	주식회사 더블유쏠라
424	화물 차량용 태양광 발전장치	10-1755130 2017-06-30	김종남, 심판식, 이태희
425	베이스레일을 이용한 샌드위치 판넬 지붕의 태양광 발전 시스템 고정 장치	10-1754135 2017-06-29	주식회사 이멕스
426	태양광 발전장치	10-1753641 2017-06-28	주식회사 에너솔라

No	발명의 명칭	등록번호 등록일	출원인명
427	천문데이터 방위각을 활용한 수상 태양광 발전장치	10-1753320 2017-06-27	박춘배
428	태양광 발전을 이용하는 스마트 충전 기능의 비행 관리 시스템	10-1753363 2017-06-27	(주)이산로봇
429	주간모드 및 야간모드 기능을 구비한 태양광 발전 시스템의 제어 방법	10-1752465 2017-06-23	순천대학교 산학협력단, 주식회사 파워엔지니어링
430	태양광 추적장치가 구비된 태양광 발전 시스템	10-1751668 2017-06-21	방기혁
431	태양광 발전장치	10-1751253 2017-06-21	주식회사 에코전력
432	태양광 발전장치	10-1751254 2017-06-21	주식회사 에코그린텍
433	광학 소자 및 집광형 태양광 발전 장치	10-1750726 2017-06-20	주식회사 쿠라레
434	역률개선 기능을 갖는 계통연계형 태양광 발전 시스템	10-1749270 2017-06-14	(주)가람이앤씨
435	태양광 발전시스템	10-1747130 2017-06-08	(주)성익에너지산업
436	승압 전압을 제공하는 태양광 발전 시스템	10-1747199 2017-06-08	(주)맵시전자
437	태양광 발전 장치	10-1747353 2017-06-08	엘지전자 주식회사
438	곡면 태양광 셀을 이용한 집광형 태양광 발전 시스템	10-1746436 2017-06-07	한국광기술원
439	독립형 태양광 발전 장치	10-1745941 2017-06-05	한윤희
440	태양광 추적식 수상 태양광 발전시스템 및 그 추적 방법	10-1745877 2017-06-05	코리아터빈(주)
441	PV 불량모듈 우회 회로를 구비한 태양광 발전 시스템	10-1745419 2017-06-02	주식회사 광명전기
442	태양광 발전장치의 PV 고장 및 불량모듈 바이패스 시스템	10-1743908 2017-05-31	주식회사 베스텍

No	발명의 명칭	등록번호 등록일	출원인명
443	무동력 회전식 수상 태양광 발전 장치	10-1744254 2017-05-31	오형석
444	소물인터넷을 이용한 태양광 발전 진단시스템	10-1743485 2017-05-30	(주)대은
445	태양광 발전 장치 기반의 무인 차량 흐름 통제 시스템	10-1743645 2017-05-30	(주)세명이앤씨
446	태양광 발전 자가 진단장치	10-1743640 2017-05-30	(주)대은
447	태양광 발전 시스템	10-1742966 2017-05-29	(주)현대에스더블유디산업
448	열화상 카메라를 이용한 태양광 발전설비의 원격 감시 장치	10-1742598 2017-05-26	주식회사 주왕산업
449	경량 박스형 태양광 발전모듈 지지장치	10-1741362 2017-05-23	심양일
450	가변구조를 갖는 태양광 발전모듈 고정 구조물	10-1741215 2017-05-23	(주)탑인프라
451	건물일체형 태양광 발전시스템의 전력변환장치	10-1740711 2017-05-22	주식회사 키스톤에너지
452	태양광 발전 장치의 선로 이상 모니터링 시스템	10-1739092 2017-05-17	주식회사 디엠티
453	수상 태양광 발전용 부유체	10-1739065 2017-05-17	프로텍코리아 주식회사
454	페이스트 조성물, 이의 제조방법 및 태양광 발전장치	10-1739165 2017-05-17	엘지이노텍 주식회사
455	태양광 발전 장치의 선로 이상 감지 시스템	10-1738625 2017-05-16	주식회사 대경산전
456	태양광 발전 관리 시스템	10-1738622 2017-05-16	주식회사 대경산전
457	태양전지에서 생성된 전력으로 제어 구동전원을 얻는 태양광 발전 시스템 및 그 방법	10-1737461 2017-05-12	주식회사 유니테스트
458	태양광 발전 온라인 설계와 인허가 문서 작성 시스템 및 방법	10-1733671 2017-04-28	장영상

No	발명의 명칭	등록번호 등록일	출원인명
459	태양광 발전 기능을 구비한 인삼재배용 차광 장치	10-1733763 2017-04-28	주식회사 고호솔라
460	태양광 발전장치	10-1732942 2017-04-27	우도영
461	태양광 발전장치와 에너지저장장치의 스마트 소방방재 시스템	10-1732436 2017-04-26	(주)에프티에스코리아, 이앤에이치(주)
462	추적식 태양광 발전 시스템	10-1731093 2017-04-21	주식회사 케이엔지니어링
463	태양광 발전용 트랙커의 태양광 추적 방법	10-1730149 2017-04-19	주식회사 예스이엔지
464	솔라 쉐어링용 추적식 태양광 발전장치	10-1729928 2017-04-19	남상욱, 남재우, 농업회사법인 솔라팜 주식회사
465	전력 요금을 고려한 태양광 발전 활용 시스템 및 방법	10-1729499 2017-04-18	한양전공주식회사
466	수동 각도조절 기능을 가지는 태양광 발전 구조물	10-1729218 2017-04-17	국윤지
467	태양광 발전 시스템의 인버터 MPPT 성능 진단 장치 및 방법	10-1729217 2017-04-17	주식회사 케이디티
468	태양광 발전에서의 실시간 고장 알림 시스템 및 방법	10-1728690 2017-04-14	한양전공주식회사
469	수상 부유식 태양광 발전 구조물의 유지관리 통로 겸용 부력체	10-1728232 2017-04-12	(주)아이시스이엔씨
470	태양광 접속반 내부의 이상 감시진단 및 원격 모니터링 기능이 구비된 태양광 발전 시스템	10-1727743 2017-04-11	(주)동보파워텍
471	태양광 발전장치	10-1725677 2017-04-05	정희봉
472	PV 모듈의 아크 검출 기능을 갖는 디지털 아크 감지기를 구비한 태양광 발전 시스템	10-1723831 2017-03-31	지투파워(주)
473	스크루 타입의 태양광 모듈의 각도 조절장치를 구비한 태양광 발전 시스템	10-1723572 2017-03-30	주식회사 케이엔지니어링
474	랙-피니언 타입의 태양광 모듈의 각도 조절장치를 구비한 태양광 발전 시스템	10-1723570 2017-03-30	주식회사 케이엔지니어링

No	발명의 명칭	등록번호 등록일	출원인명
475	태양광 발전용 태양전지 유닛 및 그 제조방법	10-1723148 2017-03-29	임채영
476	부유형 전력변환장치가 적용된 수상태양광 발전시스템	10-1721373 2017-03-23	(주)솔라플레이
477	수상전력변환장치가 적용된 수상태양광 발전시스템	10-1721372 2017-03-23	(주)솔라플레이
478	태양광 발전용 트랙커	10-1720738 2017-03-22	주식회사 예스이엔지
479	곡면 태양광 셀을 이용한 집광형 태양광 발전 시스템	10-1720651 2017-03-22	한국광기술원
480	태양광 발전장치	10-1718365 2017-03-15	주식회사 케이디파워
481	IOT 기반의 역 전송 전력조절 및 누수 감지가 가능한 태양광 발전 시스템	10-1717956 2017-03-14	(주)한국스카다
482	태양광 발전 설비에 융합된 강수 저장 및 공급 시스템	10-1716466 2017-03-08	평산전력기술(주)
483	추적식 수상 태양광 발전장치	10-1716025 2017-03-07	안승혁
484	태양광 발전을 이용하는 보도블록 장치	10-1714033 2017-02-28	(주)아시아젠트라
485	태양광 발전시스템의 원격 인터페이스 장치 및 그 방법	10-1710893 2017-02-22	한국기술교육대학교 산학협력단
486	태양광 발전설비의 관리 서비스 플랫폼 및 그 제공방법	10-1710888 2017-02-22	한국기술교육대학교 산학협력단
487	화재 감시기능과 방재기능을 갖는 태양광 발전시스템	10-1710442 2017-02-21	(주)현대에코쏠라
488	수상 태양광 발전시스템	10-1710713 2017-02-21	금원전기솔라텍(주)
489	태양광 발전이 가능한 창호	10-1710651 2017-02-21	주식회사 대경기업
490	수상 태양광 발전용 플로트 및 부력 구조물	10-1710132 2017-02-20	지피엘(주)

No	발명의 명칭	등록번호 등록일	출원인명
491	태양광 발전 장치	10-1708244 2017-02-14	엘지전자 주식회사
492	계통 연계형 초 절전 태양광 발전 인버터 및 이를 포함하는 태양광 시스템	10-1707989 2017-02-13	주식회사 기산하이원테크
493	태양광 발전 모듈 또는 목업의 성능을 측정하는 성능 측정기	10-1707926 2017-02-13	한국건설생활환경시험연구원
494	발코니창문 일체형 태양광 발전장치	10-1707473 2017-02-10	(주)더베스트이앤씨
495	태양광 발전설비 재해관리 시스템	10-1706976 2017-02-09	강성호, 주식회사 두산에너지산업
496	화재 예방을 위한 트립 기능을 갖는 태양광 발전 시스템	10-1706591 2017-02-08	(주)지엔피
497	태양광 발전 스마트 벤치	10-1704622 2017-02-02	주식회사 한축테크
498	태양광 발전장치를 갖는 컨테이너선	10-1701279 2017-01-24	대우조선해양 주식회사
499	태양광 발전판용 냉각장치	10-1700741 2017-01-23	민승기
500	태양광 겸용 풍력발전기	10-1700740 2017-01-23	민승기
501	태양광 발전장치용 모니터링 장치	10-1699495 2017-01-18	한명전기주식회사
502	지락 검출 기능을 구비한 축전 기능 보유 태양광 발전 시스템	10-1699500 2017-01-18	(주)다쓰테크, 금만희
503	태양광 어레이 출력 전류 감소율 기반 태양광 발전 유지 장치 및 방법	10-1698152 2017-01-12	주식회사 오광개발
504	지능형 예측 제어 접속반을 적용한 태양광 발전 시스템 및 그 제어방법	10-1697230 2017-01-11	임정수, 주식회사 뉴라이즈
505	건물일체형 풍력 및 태양광 발전시스템	10-1697066 2017-01-11	이완호

No	발명의 명칭	등록번호 등록일	출원인명
506	멀티 솔라셀 어레이의 지락 영역 검출 및 태양광 발전 유지를 위한 전류 차단 트립 방법, 이를 위한 지락 영역 검출 및 태양광 발전 유지 시스템	10-1695672 2017-01-06	대한기술(주)
507	태양광 발전을 이용한 냉장창고	10-1695625 2017-01-06	주식회사 현대냉동산업
508	태양광 발전 설비 운용시스템	10-1695218 2017-01-05	최상식

참고문헌

『2020년도 KEA 에너지편람』(한국에너지공단).

『재생에너지 3020 이행계획』, 『8차 전력수급계획』, 산업통상자원부, 2017.

『NASA's Goddard Institute for Space Studies』, NASA, 한전경제연구원.

『단열기준 강화 등 녹색건축정책으로 에너지효율 높였다』, 국토교통부, 2019.

『태양광 이론 및 특성』, 에너지기술평가원.

『이상기후보고서 2018』, 기상청 기후포털, 2018.

『2030년 국가온실가스 감축목표 달성을 위한 기본 로드맵 수정안』, 환경부, 2018.

『온실가스 75% 줄여라』, 매일경제, 2018.

『The future of farming?』, Toronto Univ. 2019.

『2021 KEA 지원사업 종합설명회 자료』, 한국에너지공단.

『유엔미래보고서 2045』, 박영숙·제롬 글렌, 교보문고, 2015.

『태양길들이기』, 바룬 시바람, KMAC, 2018.

『太陽電池の本』, 淸水正文, 電氣書院, 2017.

https://www.energy.or.kr/

https://commons.wikimedia.org/wiki/File:Swansons-law_de.png

https://dvdprime.com/g2/bbs/board.php?bo_table=comm&wr_

id=17396451

https://m.blog.naver.com/PostView.nhn?blogId=loving623&log-No=10125428042&proxyReferer=https%3A%2F%2Fwww.google.com%2F

http://bizhospital.co.kr/04_info/knowhow_view.php?no=72

https://m.blog.naver.com/PostView.nhn?blogId=zpdlsjtm0&log-No=220868838444&proxyReferer=https%3A%2F%2Fwww.google.com%2F

https://blog.63realty.co.kr/134

http://www.luxco.co.kr/V1/bbs/page.php?co_id=bu01_31

http://acs1.kr/bbs/board.php?bo_table=sunlight_data&wr_id=5

태양광,
현재와 미래를 만나다

초판 1쇄 발행 2021년 8월 20일

지은이 박경빈, 강민철, 박성진
펴낸이 김길준
펴낸곳 (학)신구학원신구문화사
디자인 은디자인

등록 1968년 6월 10일 제1-205호
주소 경기도 성남시 중원구 광명로 377 신구대학교 우촌학사 1층
전화 031-741-3055~6
팩스 031-741-3054
이메일 shingupub@naver.com
홈페이지 www.shingubook.com

ISBN 978-89-7668-263-5 93560